F 级燃气—蒸汽联合循环发电机组 控制逻辑解析

杭州华电江东热电有限公司　组编

丁勇能　主编

中国电力出版社
CHINA ELECTRIC POWER PRESS

内 容 提 要

虽然以燃气轮机（简称"燃机"）为主构成的燃气—蒸汽联合循环机组，其余热锅炉（简称"余锅"）和蒸汽轮机（简称"汽机"）的测量控制原理与常规火电站相近，但燃机相对于燃煤机组却有较大差别。目前余锅和汽机的控制系统早已国产化，而燃机的控制系统仍然要依赖国外燃机设备厂商提供配套的控制系统，这些控制系统设计得精密且复杂，其逻辑参数与硬件设备完全配套。为了帮助读者更好地理解燃机控制目的及控制策略，本书将对燃机主控系统、燃机顺控系统、燃机保护系统做详细的介绍。

第1章主要介绍了燃机的结构及其工作原理，包括开式循环、联合循环应用场景及优缺点分析，联合循环不同轴系布置方式的介绍及优缺点分析。第2章详细解析了燃机的主控系统逻辑，如转速控制、负荷控制、温度控制、燃料限制控制等。第3章主要介绍燃机的顺控系统逻辑，如启动顺控、停机顺控、高盘冷却系统顺控、水洗系统顺控等。第4章详细解析了燃机保护系统逻辑，包括跳闸信号的来源和去处、保护定值等。

本丛书的适用人群为从事燃机控制系统设计、安装、调试、运行维护、检修和技术管理的相关人员。

图书在版编目（CIP）数据

F级燃气—蒸汽联合循环发电机组控制逻辑解析 / 杭州华电江东热电有限公司组编；丁勇能主编. —北京：中国电力出版社，2024.4
ISBN 978-7-5198-8473-4

Ⅰ. ①F… Ⅱ. ①杭… ②丁… Ⅲ. ①燃气－蒸汽联合循环发电－发电机组－控制系统 Ⅳ. ① TM611.31

中国国家版本馆 CIP 数据核字（2023）第 251902 号

出版发行：中国电力出版社	印　　刷：三河市百盛印装有限公司
地　　址：北京市东城区北京站西街 19 号（邮政编码 100005）	版　　次：2024 年 4 月第一版
网　　址：http://www.cepp.sgcc.com.cn	印　　次：2024 年 4 月北京第一次印刷
责任编辑：罗　艳（010-63412315）	开　　本：787 毫米 ×1092 毫米　16 开本
责任校对：黄　蓓　常燕昆	印　　张：9.5　　　插　页　4
装帧设计：张俊霞	字　　数：280 千字
责任印制：石　雷	定　　价：68.00 元

前　言

随着国家能源战略的调整，清洁、高效能源的占比越来越大，燃气发电因其独特的优势也越来越受到重视。我国发展燃机虽然已经有 50 年的历史，但至今没有掌握大型燃机产品整套设计、制造技术，与国外相比在某些技术上差距还很大，特别是燃机的控制系统，作为整个燃机的"大脑"，其主要作用是保证燃机各设备的协调工作及安全运行。正因为控制系统的特殊重要性，各大燃机制造企业也推出了相应的燃机控制系统，而我国并没有形成完全自主知识产权的燃机控制系统，燃机控制系统目前完全依赖进口。

本书旨在通过对 F 级燃机控制策略研究，助力运维人员对机组控制原理及逻辑的全面掌握，当设备或控制系统出现故障时，运维人员能精准定位故障源头，快速进行消缺处理，提高电厂安全生产水平。同时为燃机发电厂控制系统实现国产化替代提供有力依据，对保障机组、电网的安全运行，有着极其重要的经济和社会意义。

本书主要从应用的角度进行编写，作者均为长期工作在电力生产一线的运维人员，不仅总结、提炼和奉献了自己多年来积累的工作经验，还从已发表的大量著作、论文和互联网文献中获得许多宝贵资料和信息进行整理并编入本书，从而提升了本书的科学性、系统性、完整性、实用性和先进性。

在本书编写工作的启动与实施过程中，参编单位领导给予了大力支持，并协调各部门提供了大量宝贵资料，众多专家在研讨会与审查中提出了宝贵的修改意见，使编写组受益良多，在此一并表示衷心感谢。同时特别感谢北京四方继保自动化股份有限公司对本书出版的支持。

编者

2023 年 11 月

目　录

第 1 章

燃机简介

1.1 燃机结构

F 级重型燃机一般由压气机、燃烧室、燃气透平等部分构成，通常采用干式低氮环型燃烧室，燃烧器个数为 18～20 个，启动方式为静态变频器（static frequency converter，SFC）启动，转子上安装有 17 级压气机叶片、4 级透平叶片。其剖面图及安装工艺图如图 1-1 和图 1-2 所示。

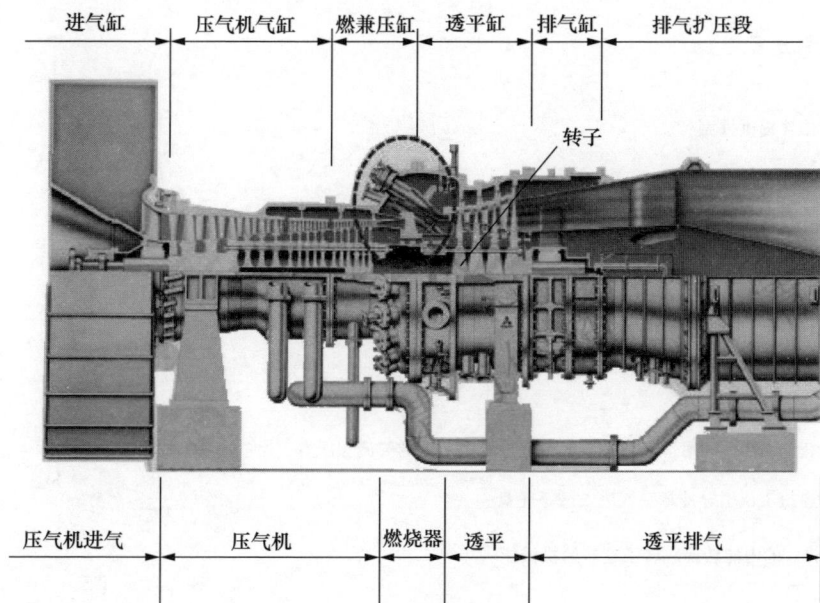

图 1-1 燃机剖面图

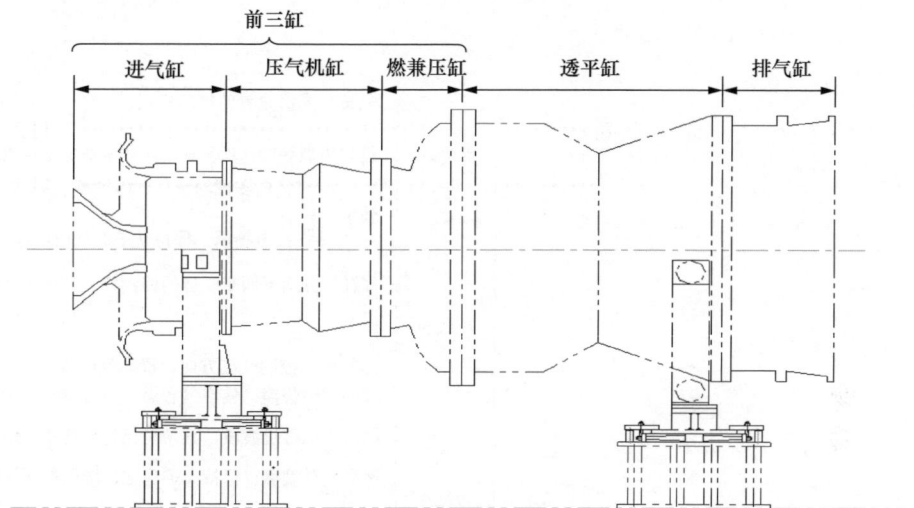

图 1-2 燃机安装结构图

从气流方向看，燃机的结构依次为进气缸、压气机、燃烧室缸体、透平缸、排气缸，其中转子贯穿其中，其详细结构图 1-3 所示。

1.2 燃机工作原理

燃机发电的工作原理是将燃料（如煤气、油、天然气等）燃烧产生的内能转化为机械能，再将机械能转化为电能。其大致工作过程如下：

（1）来自大气的空气通过进气过滤系统、进气室和进气缸后被吸入压气机。在压气机段，空气被压缩后送至燃烧室段。

（2）压缩后的空气进入燃烧室，与喷入的燃料混合后燃烧，燃烧器被设计成能尽量减少 NO_x 生成物的型式。

（3）燃烧产生的高温、高压燃气随即流入燃机透平中膨胀做功，在这里将实现燃气内能向机械动能的转化，一部分动能用于驱动压气机，另一部分用于驱动发电机和励磁机。

燃机
├─ 进气缸
│   ├─ 气缸：光滑边界的喇叭口设计
│   ├─ 进口可调导叶（IGV）：改进启动加速性能，防止压气机失速和喘振
│   └─ 轴承
│   ├─ 径向支撑轴承：支撑燃机转子，防止轴承旋转
│   └─ 推力轴承：保持转子的轴向位置
├─ 压气机
│   ├─ 气缸：分上下两半制造的铸钢件，传递结构负载
│   └─ 静叶栅：控制气流方向，提高气流压力
├─ 燃烧室缸体
│   ├─ 预混式燃烧筒：使空气和燃气充分混合并增压
│   ├─ 尾筒：也称过渡段，其功能是将燃烧室的燃气从火焰筒送到第1级透平静叶
│   ├─ 预混燃料喷嘴：保持火焰稳定，降低氮氧化物浓度
│   ├─ 旁路机构：调节燃料/空气比，保持燃料流量小时的火焰稳定和燃料流量大时较低的氮氧化物排放
│   ├─ 点火器：进行高压放电点火
│   ├─ 火焰探测器：检测18、19号燃烧筒是否有火，确保点火成功
│   └─ 联焰管：导通燃气，传播火焰
├─ 透平缸
│   ├─ 透平气缸：分上下两半制造的铸钢件，为透平段的叶珊组件提供外壳
│   └─ 叶栅组件：导引燃烧室高温气体高速流入透平叶片，推动转子旋转，为冷却空气提供通道
├─ 排气缸
│   ├─ 轴承箱：降低应力，提供刚性的支承并保持轴承在中心位置
│   ├─ 扩压器
│   │   ├─ 内扩压器：防止轴承箱暴露到热气体中
│   │   └─ 外扩压器：防止排气缸过热
│   ├─ 切向支撑：支持排气扩压器
│   └─ 外壳：布置排气温度热电偶和叶片通道热电偶
└─ 转子
    ├─ 压气机轴：包括压气机主轴和14个压气机轮盘，并装配有17级叶片，用于压缩进入的空气，提供所需的气流和压力
    ├─ 透平主轴：包括4个轮盘和1个中间轴，其主要功能是传递扭矩，引导冷却空气进入透平轮盘
    └─ 透平动叶：通过逐级增大的尺寸，把高温、高压、高速排气的内能转换成转子旋转的机械能

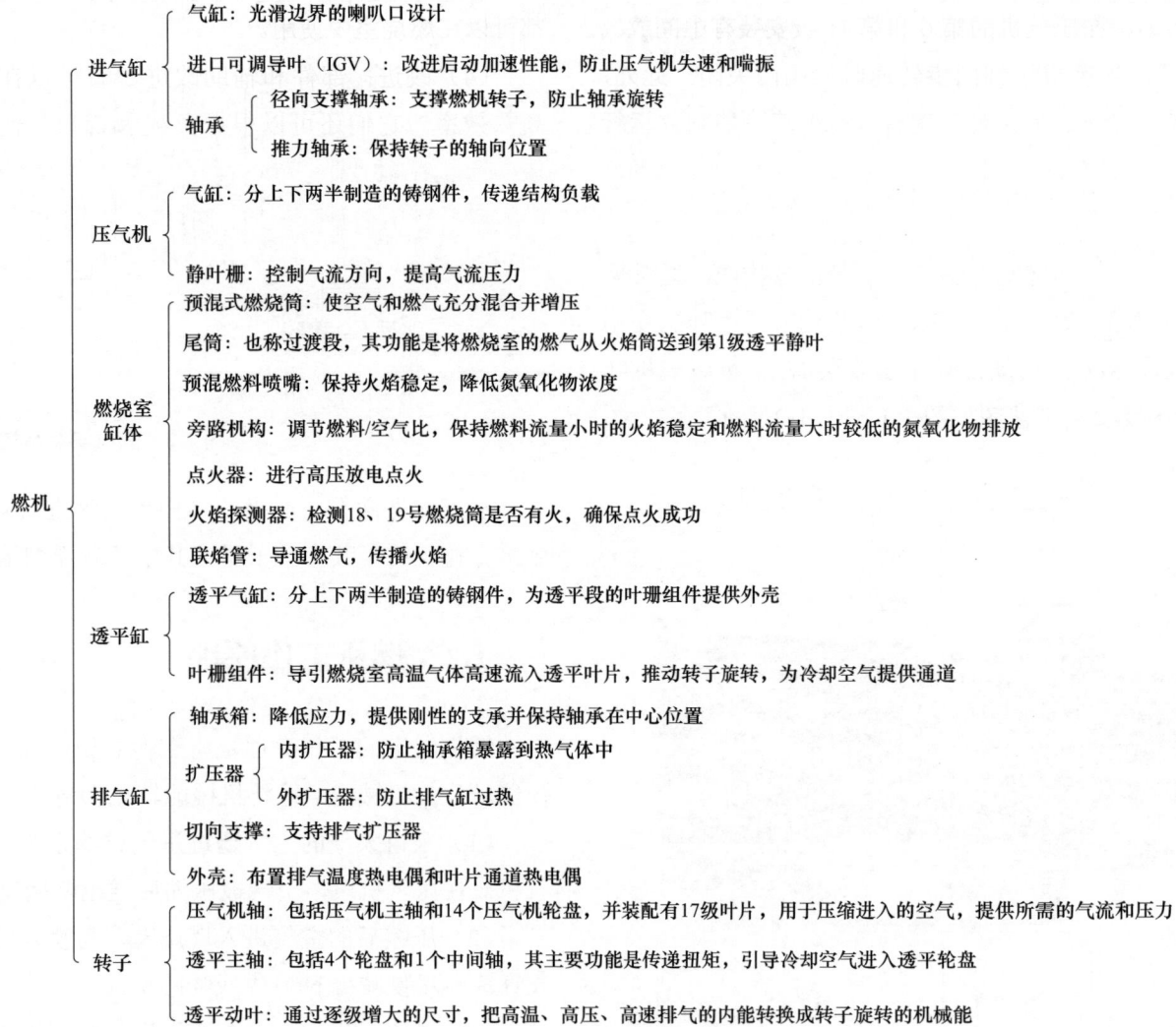

图 1-3　燃机结构图

（4）透平出来的燃气通过排气扩压段和轴向排气道排出。排出的气体通过余锅（HRSG）、烟囱和消声器释放到大气。

为了确保燃机的良好启动，在压气机的第 6 和第 11 级安装有中间放气阀。在启动期间放气阀打开，当燃机达到同步转速时该阀门关闭。此外，燃机由静止启动时，需用启动机（SFC）带着旋转，待加速到能独立运行后，启动机才脱开。

一、开式循环与联合循环

1. 开式循环

开式循环燃机（open-cycle gas turbine，OCGT）是将膨胀做完工后的高温烟气不加利用而直接排放到大气中的机组，这类机组只有燃机（压气机、燃烧室、透平、控制系统和辅助系统），而没有汽机、余锅等相关设备，其特点是设备灵活、反应迅速，可以快速投入使用并拆除。简单的开式循环燃机适用于双重燃料（燃气和燃油）布置没有困难并能自动切换的情形，其应用的场景有：

（1）航空发动机，为喷气推进提供动力。

（2）船舶、机车等动力装置。

（3）炼钢、炼油、冶金、化工企业的小型自备燃机发电厂。

开式循环燃机具有如下优点：

（1）预热时间：在启动电动机将涡轮机加速到额定速度并点燃燃料后，燃机可以从冷启动加速到满负荷，而无须热身时间。开式循环工厂在用作峰值负荷工厂时受到青睐，因为它们的启动时间快，并且能够快速承担负荷。

（2）重量轻，体积小：每千瓦产生的重量很小。与封闭循环工厂相比，开式循环电厂需要更少的空间。

（3）燃料：从重型柴油到高辛烷值汽油。任何类型的碳氢化合物燃料都可以在燃烧室中使用。

（4）改进：部件和辅助改进通常可以在开式循环燃机厂实施，以提高热效率。它们还可以根据负载因素和其他操作条件提供最经济的总体成本。

（5）不需要冷却介质：除了带有中冷器的涡轮机外，开式循环燃机不需要冷却水。因此，工厂变得自成一体，独立于冷却介质。

当然，开式循环燃机除了具有以上优点外，其缺点也很明显，主要体现在如下方面：

（1）零件负荷效率较低：由于涡轮产生的很大一部分电力用于驱动压缩机，开式循环燃机设备的效率在零件负荷时迅速下降。

（2）灵敏度：组件效率在系统中起着重要作用，尤其是压缩机。大气温度、压力和湿度的变化会影响开式循环燃机。

（3）废气热量损失：由于开式循环电厂的空气流量高于封闭式循环电厂，因此导致废气热损失增加，并需要大直径管道。

（4）腐蚀：防止灰尘进入压缩机对于防止压缩机叶片和通道上的腐蚀和沉积至关重要。沉积在涡轮叶片上的碳和灰烬根本不可取，因为它们降低了开式循环燃机厂的效率。

2. 联合循环

联合循环指两个及以上循环通过换热器耦合在一起的循环，一般为"前置"+"后置"的组合方式，"前置"是工作于高温区的循环，"后置"是工作于低温区、以前置循环余热为主要热源的循环，联合循环的分类见表 1-1。

表 1-1 　　　　　　　　　　　　燃气—蒸汽联合循环分类

按照前置循环与后置循环相耦合的方式分类	按照燃料性质分类	按照用途分类
（1）余锅型联合循环 （2）补燃余锅型联合循环 （3）增压锅炉型联合循环 （4）排气助燃锅炉型联合循环 （5）给水加热型联合循环 （6）程氏循环 （7）湿空气透平循环 （8）以卡林那循环为基础的联合循环	（1）常规燃油（气）型联合循环 （2）燃煤型联合循环： 1）常压流化床联合循环 2）增压流化床联合循环 3）整体煤气化联合循环 4）直接燃煤联合循环 （3）核能型联合循环	（1）单纯发电的联合循环 （2）热、电联产联合循环 （3）冷、热、电三联供联合循环

其中，余锅型、补燃余锅型、增压锅炉型是三种最基本形式的联合循环。

燃机联合循环（combined-cycle gas turbine，CCGT），也称余锅型的燃气—蒸汽联合循环，指将燃机和汽机组合起来的一种发电方式，主要由燃机（压气机、燃烧室、透平、控制系统和辅助系统）、余锅、汽机三部分构成。其基本原理是将膨胀做完工后的高温烟气引入锅炉（余锅），作为锅炉的热源，利用锅炉产生的蒸汽进入汽机再发电。这样就形成了燃机和汽机共同作为原动机的联合循环发电系统。

联合循环机组应用场景主要是重型燃机发电厂，这种电站运行灵活，机组启动快，启动成功率高，既可带基荷又可用于调峰，且宜于接近负荷中心。另外，燃机发电机组电厂可在 25(30)% ～ 100% 出力下可靠运行，利于提高电网的经济运行水平，天然气电站的可用率较高，为 90% ～ 95%，高于燃煤电厂。可大大改善煤电机组的运行工况，以及降低煤耗，对于提高电网的运行质量、解决其运行存在的矛盾，不失为一有利的选择。燃机联合循环机组作为发电机组，与常规火电机组相比，具有以下独特的优点：

（1）发电效率高：由于燃机利用了布朗和朗肯两个循环，原理和结构先进，热耗小，因此，联合循环发电效率为 57% ～ 58%，而燃煤电厂 0.75 ～ 1000MW 机组发电效率仅为 20% ～ 48%。

（2）环境保护好：燃煤电厂锅炉排放灰尘很多，二氧化硫多，氮氧化物为 200mg/L，所以必须加装脱硫（效率 90% 左右）、脱硝（效率 90% 左右）及电除尘后（经脱硫、脱硝装置进一步除尘后每立方米含尘小于 30mg，比在家里的灰尘还少）使排放物除二氧化碳外均高于一般环境标准。燃机电厂余锅排放无灰尘，二氧化硫极少，氮氧化物为 10 ～ 25 mg/L。

（3）运行方式灵活：燃煤电厂启停时间长，适合作为基本负荷运行，调峰性能差。燃机电厂，不仅能作为基本负荷运行，还可以作为调峰电厂运行；燃机为双燃料（油和天然气）时，还可以对天然气进行调峰。

（4）消耗水量少：燃气—蒸汽联合循环电厂的汽机仅占总容量的 1/3，所以用水量一般为燃煤火电的 1/3，由于凝汽负压部分的发电量在全系统中十分有限，国际上已广泛采用空气冷却方式，用水量近乎为零。此外，甲烷（CH_4）中的氢和空气中的氧燃烧还原成二氧化碳和水，每燃烧 $1m^3$ 天然气理论可回收约 1.53kg 水，每千克可回收 2.2kg 水，足以满足电厂自身的用水。

（5）占地面积少：由于没有了煤和灰的堆放，又可使用空冷系统，电厂占地大大节省，占地仅为燃煤火电厂的 10% ～ 30%，节约了大量的土地资源，这对地少人多的中国非常重要。

（6）建设周期短：燃机系统发电的建设周期为 8 ～ 10 个月，联合循环系统发电的建设周期为 16 ～ 20 个月，而燃煤火电厂需要 24 ～ 36 个月，回收快。燃机所需燃料一般为液体或气机，燃料价格高，除非用于调峰，否则从经济性角度来讲不适用于带基本负荷。

燃机联合循环机组虽然相比传统火电机组具有不少优点，但仍然存在着一些劣势，主要体现在如下几个方面：

（1）发电成本高：重型燃机发电厂的燃料主要是天然气，其价格比煤炭高出许多。

（2）热应力：高运行温度（F 级燃机透平进气温度可达 1400℃）对燃机循环的设备和组件产生极大的热应力，作为电网中的调峰机组，燃机通常在每天的用电早高峰 8 点时开机，到晚高峰 12 点过后停机，每台机组每月启动次数在 25 次左右。而启停瞬态产生热应力的频率要比连续运行期间高得多，这将会导致金属的热机械疲劳，影响组件的使用寿命。有资料表明，每次启动相当于大约 20h 的持续运行，一次紧急停机相当于大约 200h 的正常轮机运行。

（3）环境因素影响大：燃机在炎热的日子比在寒冷的日子工作效率低，湿润的气候比干燥的气候工作效率低。

二、联合循环的轴系布置

燃气—蒸汽联合循环的轴系布置需考虑的因素有：可维护性成本因素、可供利用场地的运行因素以及 GT&ST 设计协调的控制因素。燃气—蒸汽联合循环轴系布置方式见表 1-2。

表 1-2　　　　　　　　　　　燃气—蒸汽联合循环轴系布置方式

配置方式	轴系布置	运行特点
一拖一	单轴	燃机、汽机、发电机同轴布置，燃机和汽机共同拖动一台发电机运行
	多轴	燃机和汽机分别带发电机运行
二拖一	多轴	2 台燃机和 2 台余锅带 1 台汽机，燃机和汽机分别拖动发电机运行
三拖一	多轴	3 台燃机和 3 台余锅带 1 台汽机，燃机和汽机分别拖动发电机运行

1．"一拖一"单轴配置

单轴机型又可分为发电机中置型和发电机尾置型。

发电机中置方式的代表机型有 GUD1S.94.3A 和 KA26-1，其采用燃机轮机 + 发电机 +3S 离合器 + 轴向排汽汽机的连接方式，如图 1-4 所示。

发电机中置的单轴机型指燃机、发电机和汽机串轴安装，发电机一侧与燃机由刚性联轴节串联，另一侧安装汽机，并通过一台离合器实现同步

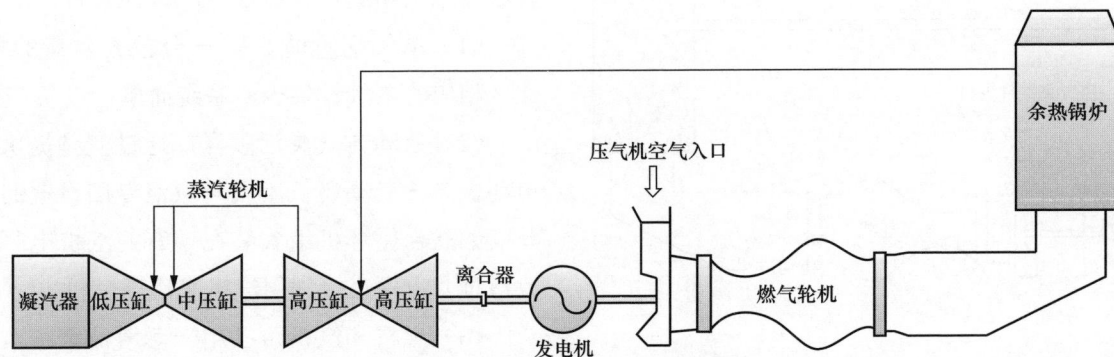

图 1-4　发电机中置式的单轴配置

转速自动联轴。

这种连接方式的优点是：汽机位于端部，便于采用轴向排汽，整套联合循环机组可安装在位置较低且造价较低的板式基础上，厂房的高度也随之降低。

由于在发电机和汽机间增加了离合器，可在汽机安装完成前燃机提前投产发电，在汽机故障停下来检修时不影响燃机简单循环发电。

由于加装了离合器，优化了联合循环机组的启动工况。机组启动时，燃机先按简单循环单独运行，同时排气进入余锅，使余锅的受热面管道逐渐预热升温，产生的低参数蒸汽用来对通往汽机的管道进行暖管。

蒸汽参数达到冲转参数时，开始冲转汽机并进行暖机。汽机的转速升高到与发电机的转速相同时，离合器自动啮合，汽机就开始滑参数带负荷。

这种连接方式的缺点是：发电机置于燃机与汽机间，当发电机检修需要抽转子时必须横向平移发电机。

发电机尾置方式的代表机型有 M9001FB 和 M701F4，其采用燃机＋向下排汽的汽机＋发电机的连接方式，如图 1-5 和图 1-6 所示。

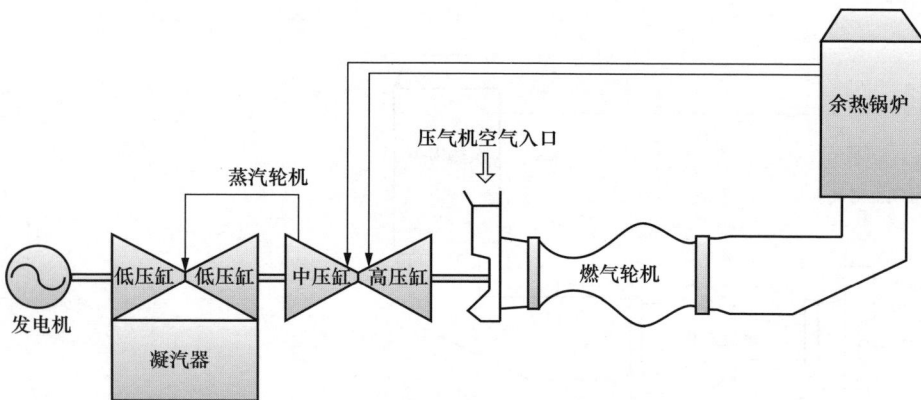

图 1-6　发电机尾置式的单轴机组布置图

发电机尾置单轴机型则是燃机、汽机和发电机顺序刚性连接。这种布置对于发电机出线和检修时抽转子比较方便。但同时也存在部分缺点：由于汽机在中间，汽机向下排汽使整套联合循环机组必须布置在较高的运转层上。

发电机只有当燃机和汽机都安装完毕后才能投运，不利于安装周期较短的燃机及早投产发电。

运行中蒸汽系统出现故障时，燃机仍拖着汽机空转，一方面汽机不能停机检修，另一方面汽机叶片鼓风发热，还必须设置小的辅助锅炉，产生辅助蒸汽通入汽缸进行冷却。

汽机正常启动时，也需辅助蒸汽汽源提供轴封汽和汽机一开始空转时汽缸所需的冷却蒸汽。

综上所述，单轴机型在单元制配置、发电机出线、设备和蒸汽管道布置以及施工和运行管理等方面有许多特点：

（1）单轴配置时只需一台较大容量的发电机，与对应的多轴配置相比，相应的电气设备少、系统简单，设备初投资较少。

（2）启动方式灵活多样：通过变频提供变频交流电给发电机，以变频电动机方式启动燃机，就可取消专门设置的启动电动机；若有现成的蒸汽源（如联合循环机组安装在现有的汽机电厂或对其进行联合循环技术更新改造时）也可直接利用汽机来启动燃机。

（3）燃机和汽机可共用一套滑油系统，机组运行与控制系统等将得以简化。

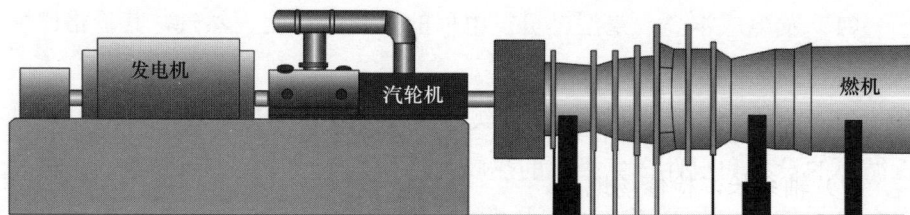

图 1-5　发电机尾置式的单轴配置

（4）布置更紧凑，汽水管道较短，占地面积小、厂房较小。

单轴布置的缺点在于：

（1）动力岛纵向部分占地较大，主厂房跨度大。

（2）轴系长，检修场地大。

（3）汽机和燃机不带离合器的机组，当汽机故障时，燃机和余锅不能独立运行，无法通过减温减压来保证供热。

（4）由于受燃机控制系统的限制，余锅与机组的控制不易实现一体化，除非采用与燃机相同的控制系统；控制系统相对复杂。

2. "一拖一" 分轴配置

多轴机型由一台汽机发电机组，配一台或多台燃机的发电机组，可用 "x+y+1" 表示，"x" 表示燃机的台数，"y" 表示余锅的台数，一般地，x=y。多轴方案中的 1+1+1 型也称分轴方案，是单轴的改变型，燃机和汽机分别驱动各自的发电机，其配置如图 1-7 所示。

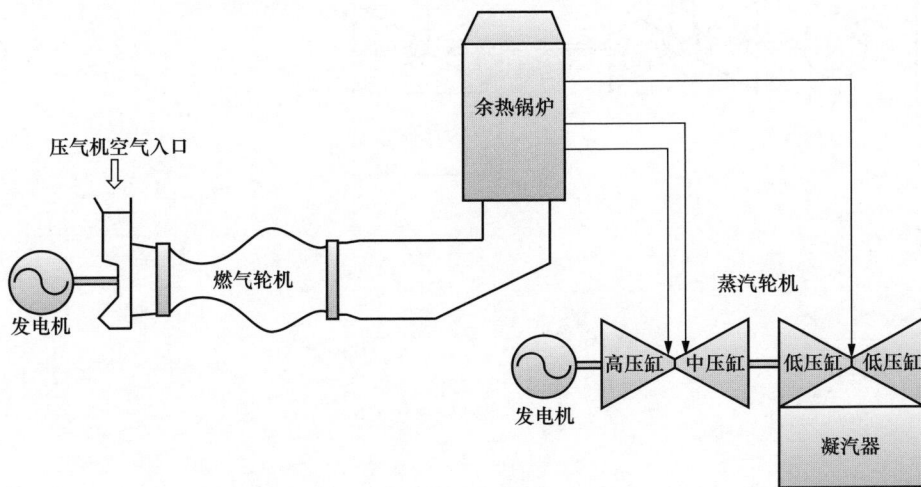

图 1-7　"一拖一" 分轴机组配置

分轴配置降低了主机生产的技术难度，但增加了厂用电损耗。多轴的主要特点是燃机发电机组和汽机发电机组相对独立、分开布置，但也有设备与系统都较复杂，占地面积也较大等缺点。

"一拖一" 多轴方案优点在于：

（1）供热出力较 "一拖一" 单轴方案大，可以实现中压缸背压运行使供热能力最大。

（2）主厂房跨度较小。

（3）燃机、余锅可以独立运行并通过减温减压来保证供热。

（4）燃机和汽机可以分别采用不同的控制系统，控制系统相对简单。

（5）两台汽机分别供热，供热可靠性较高。

"一拖一" 多轴方案缺点在于：

（1）动力岛纵向部分占地大，主厂房总长度大。

（2）机组效率较 "一拖一" 单轴方案略低。

3. "二拖一" 多轴配置

"二拖一" 运行方式指两台燃机通过两台余锅同时向一台汽机供汽，来拖动汽机的运行，两台燃机和一台汽机可以分别带发电机并网发电，其配置如图 1-8 所示。

"二拖一" 多轴方案优点在于：

（1）机组效率较 "一拖一" 方案略高。

（2）供热出力较 "一拖一" 方案大，可以实现中压缸背压运行使供热能力最大。

（3）主厂房跨度较小。

（4）燃机、余锅可以独立运行并通过减温减压来保证供热。

（5）燃机和汽机可以分别采用不同的控制系统，控制系统相对简单。

"二拖一" 多轴方案缺点在于：

（1）动力岛纵向部分占地较大，主厂房总长度较大。

（2）由于共用一台汽机，当机组调峰运行时，一台燃机停运或燃机低负荷运行，使得汽机组运行经济性较差。

（3）由于共用一台汽机，当汽机停运时，整套机组需停机检修，影响供热可靠性，如通过减温减压器供热，则经济性较差。

（4）两台余锅需并汽运行，带负荷时两台燃机需协调运行。

4."三拖一"多轴配置

"三拖一"运行方式指三台燃机通过三台余锅同时向一台汽机供汽，来拖动汽机的运行，三台燃机和一台汽机可以分别带发电机并网发电，其配置方式和优缺点与"二拖一"类似，这里不做赘述。

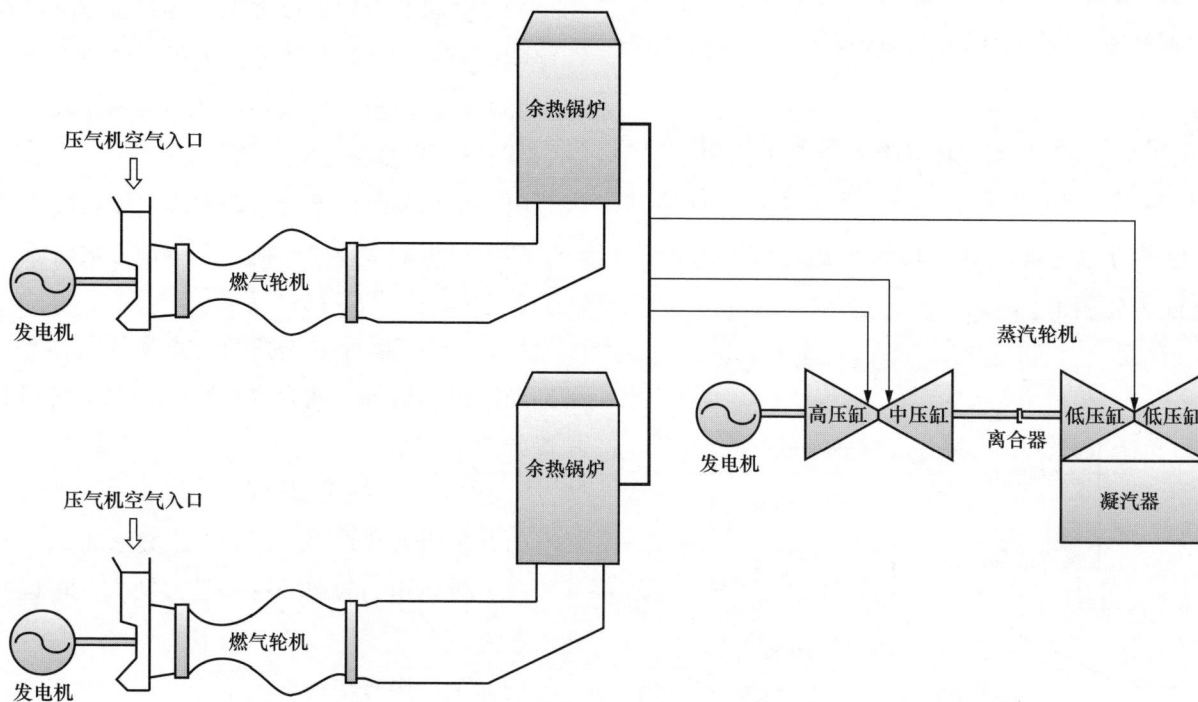

图 1-8 "二拖一"分轴机组配置

第2章

燃机主控系统解析

F 级重型燃机控制系统通常由多功能处理站（multiple process station，MPS）、工程师站（engineering & maintenance station，EMS）、操作员站（operator station，OPS）、历史数据站（accessory station，ACS）和网络等设备组成的，它们相互协作，形成一个系统。多功能处理站用于完成自动控制和 I/O 数据的处理，工程师站用于控制系统组态和维护，操作员站用于电厂设备的监控和操作，历史站用于存储机组运行的相关数据。

控制系统功能区主要由燃机控制系统（turbine control system，TCS）、燃机保护系统（turbine protect system，TPS）和透平轴系监控系统（turbine supervisory instruments，TSI）组成。其中 TCS 控制范围包括进口可转导叶（inlet guide vane，IGV）、燃料阀、防喘阀、汽机透平蒸汽阀、负荷、转速等，主要控制对象是燃机本体设备、汽机透平本体设备及油路系统；TPS 负责燃机的保护相关信号收集及分析并判断是否触发保护动作；TSI 负责监视缸胀、轴向位移、振动、键相、零转速等信号，并把这些信号转化为 TCS 及 TPS 能够接收的形式传送过去。

控制系统通过以太网和 ControlNet 网络完成数据的通信与交互，其中控制器与各站点之间的数据通信通过以太网（GWC 单元）来完成，而 ControlNet 网络则用于控制器之间的内部数据通信，为保证整个控制系统的稳定性与可靠性，控制器采用了双冗余的配置结构。燃机速度、负荷和温度的自动控制是通过燃机控制系统的微处理器来管理的，该微处理器是基于数字控制器的双冗余系统，无论燃机处于运行过程中哪个阶段，处于控制状态的微处理器一旦发生故障，控制系统都能无扰动地切换到其他冗余的处于闲置状态的微处理器。

燃机主要通过调节机组的燃料给定来改变机组的负荷，其调节系统主要由一个通过最小门选择的多个控制回路组成。这些控制回路的输出（GVCSO、LDCSO、BPCSO、EXCSO、FLCSO）经小选后再与 MINCSO 大选作为机组的主控输出，如图 2-1 所示。

2.1 自动负荷控制（ALR CONTROL）

为了实现机组负荷自动控制，设计了一个自动负荷控制回路（ALR）来实现机组负荷的自动增减。这是一个闭环的无差调节回路，它位于负荷和转速控制回路的上层，负责将机组的负荷指令（ALR SET）自动传送到转速和负荷控制回路中以实现控制，这个回路可由运行人员手动投切。机组投入自动负荷控制（ALR ON）时，自动负荷控制回路的负荷指令将送到转速和负荷控制回路中参与控制，退出自动负荷控制（ALR OFF）时，机组根据操作员设定的负荷指令进行 GVCSO 和 LDCSO 计算。这样，机组并网后实际上可有四种运行模式：投入自动负荷控制的负荷调节模式（ALR ON& LOAD LIMIT）、投入自动负荷控制的转速调节模式（ALR ON&GOVERNOR）、退出自动负荷控制的负荷调节模式（ALR OFF& LOAD LIMIT）和退出自动负荷控制的转速调节模式（ALR OFF& GOVERNOR）。

燃机自动负荷控制逻辑简图如图 2-2 所示（见文后插页）。

从图 2-2 中可以看出，负荷指令（ALR SET）在送给转速和负荷控制回路前，还叠加了一个被限速的频率偏差值（AGC SET FREQUENCY BIAS）函数，频率偏差值计算公式为（GT SPEED/60-50）×60，如图 2-3 所示。由此可见在自动负荷控制回路中设计了一次调频功能。这样，控制系统中有 2 个位置接收机组的转速信号，分别位于自动负荷控制回路和转速控制回路，因此机组一次调频功能也可在两种情况下实现，即转速调节

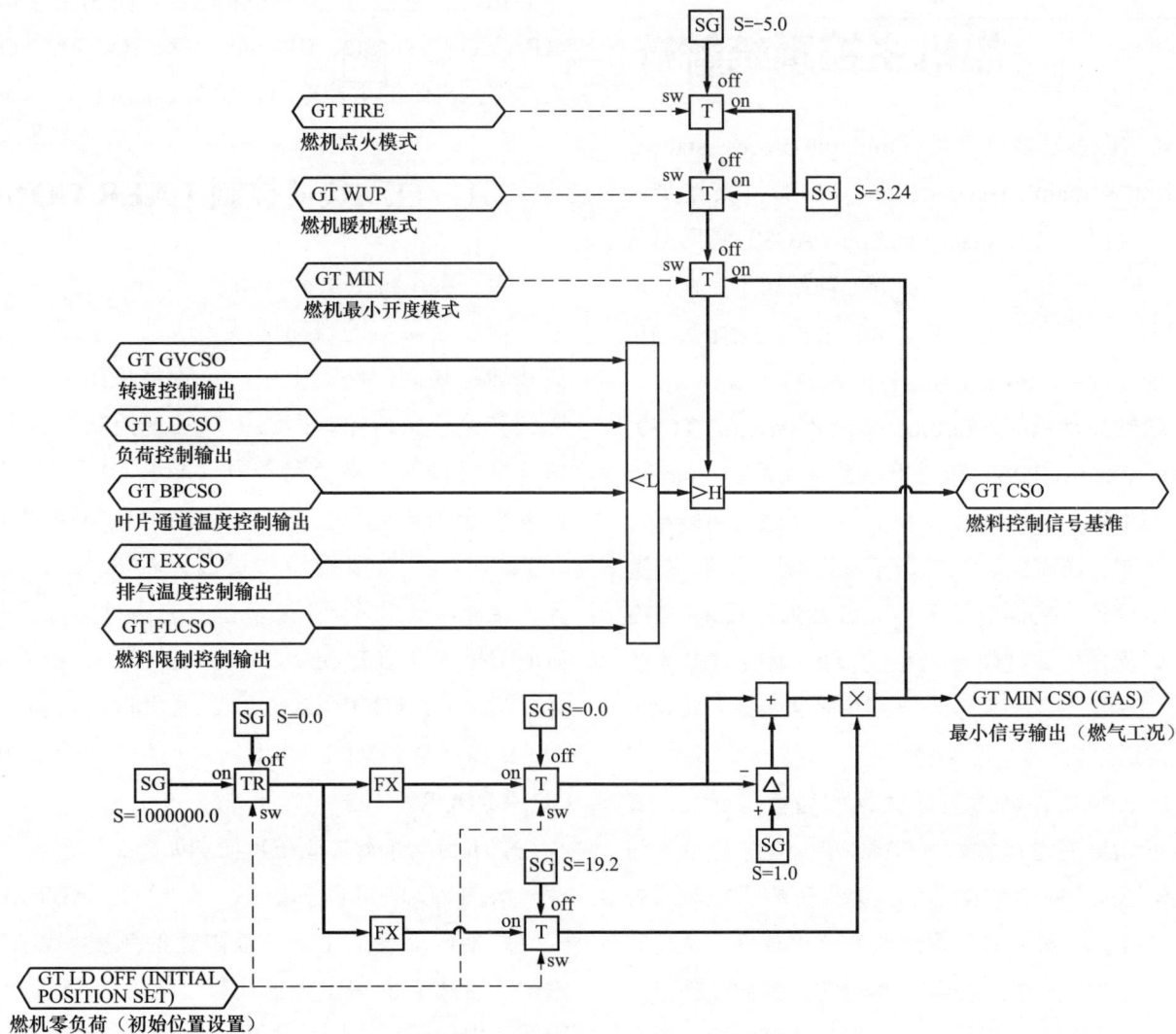

图 2-1 F 型燃机 CSO 指令逻辑图

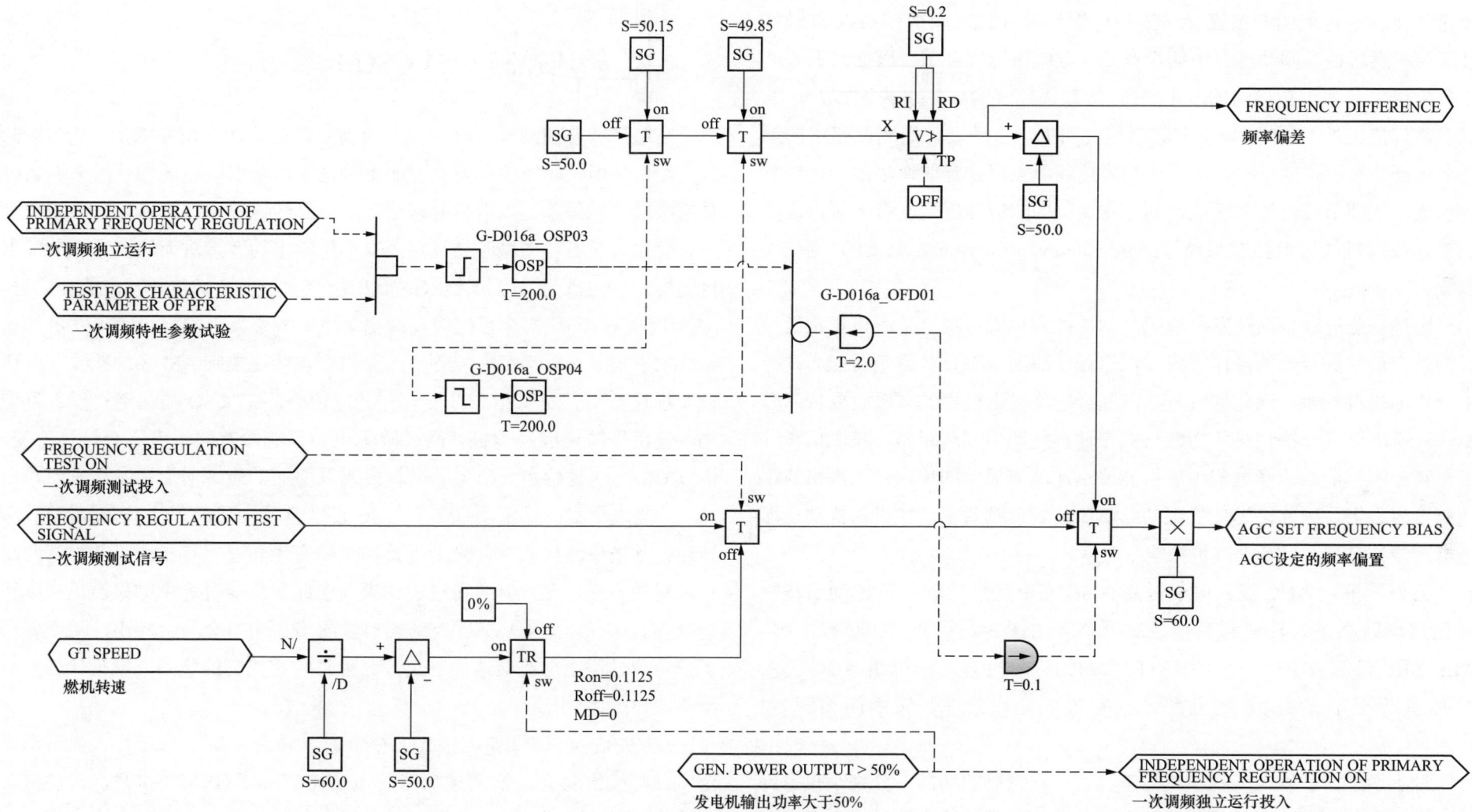

图 2-3　AGC 和一次调频逻辑简图

模式（ALR ON&GOVERNOR 和 ALR OFF&GOVERNOR）或自动负荷控制的负荷调节模式（ALR ON&LOAD LIMIT）。在转速控制回路中，机组转速与转速给定值的差值直接进入纯比例环节计算后即得到 GVCSO 值，进而控制燃料调节阀动作，中间没有死区限幅限速等环节，因此其调节速度非常快，基本可在机组的 1 个 DEH 运算周期（50ms）之内完成，这类似于常规汽机的 DEH 侧一次调频。相对而言，自动负荷控制回路中的频差在加到功率给定值上后，需经一个限速环节按照一定的速率改变机组的功率或转速调节设定值，因此，其一次调频的响应速度就会慢很多，这类似于常规汽机的协调控制系统（coordinated control system，CCS）侧一次调频。

燃气—蒸汽联合循环发电机组一体化控制模式，决定了汽机正常运行时为进汽调节阀全开的滑压方式，汽机处于跟随状态，其带负荷能力决定于余锅的供汽参数，因此燃气—蒸汽联合循环发电机组的调频主要依靠燃机，汽机不具备一次调频能力，只能在调频扰动后逐渐跟随。在燃机和汽机负荷分配方面，调频过程中燃机能够迅速响应调频的请求，而汽机的跟随则要慢很多，因此，为使机组的总负荷达到调频要求，燃机在扰动过程中有一定的过调，以补偿汽机的响应速度。

另外，机组 AGC 投入时也是将 AGC 指令送到自动负荷控制回路中并通过该回路进入转速和负荷控制回路（由图 2-2 可知，AGC 投入时，ALR SET 跟踪 AGC LOAD INSTRUCTION），换言之，机组 AGC 投入时必须投入自动负荷控制回路。AGC 投入允许条件逻辑简图如图 2-4 所示。

综上所述，机组在三种模式下都具有一次调频的功能，分别是投入自动负荷控制的负荷调节模式、投入自动负荷控制的转速调节模式和退出自动负荷控制的转速调节模式，这三种模式的调频功能会在转速控制（见第 2.2 节）和负荷控制（见第 2.3 节）里面具体分析。在退出自动负荷调节的

负荷调节模式下功率设定值由运行人员手动设定，机组不具备一次调频的功能。

2.2 转速控制（GVCSO）

当选择转速控制模式时，负荷控制回路会自动退出并加上一个 5% 的偏置作为备用。转速控制方式表面上看是以增减燃机转速为目的来控燃料量的增减，但是因为发电机并网运行，燃机转速在燃料投入量适当增减时不会变化，而燃料增减时会直接改变燃机输出功率，进而达到了调节发电机输出功率的目的。比如当 AGC 负荷指令大于发电机实际发出的功率时，ALR 接收到 AGC 指令后比较判断出 AGCf 指令大于发电机实际发出的功率，ALR 就会发出升负荷指令，这个指令被转速控制 AM 模块接收，转速控制模块会将升负荷指令转变为升转速指令，GVCSO 控制燃料投入量增加，但机组转速因发电机并网受限于电力系统固有频率而不会轻易改变，所以 GVCSO 开始变大，控制燃料投入量增加，最终增加了发电机的输出功率。当发电机的输出功率等于 AGC 设定值时，ALR 发出负荷保持指令，转速控制模块将接收到的负荷保持指令转变为转速保持指令，并维持此时的燃料量不变，至此升负荷过程结束。在此升负荷过程中如果燃机实际转速确实有增长，则 GVCSO 控制燃料量的增加速率会马上减小，从而保证了升负荷过程中燃机转速的稳定，这也是转速控制的优点。燃机转速控制策略图如图 2-5 所示。

从图 2-5 可以看出，当 SAUTO=0 时，转速设定值由运行人员手动设定，此时机组具有一次调频功能，当 SAUTO=1&GVMD=1 时，自动负荷回路会把负荷设定值 ALR SET 和负荷实测值 ACTLD 的偏差转换成增减转速设定值的指令，机组也具备一次调频功能。转速调节是以转速设定值 SPREF 与实测转速 SPEED 的差值 Δn 作为调节信号，来改变燃料阀的

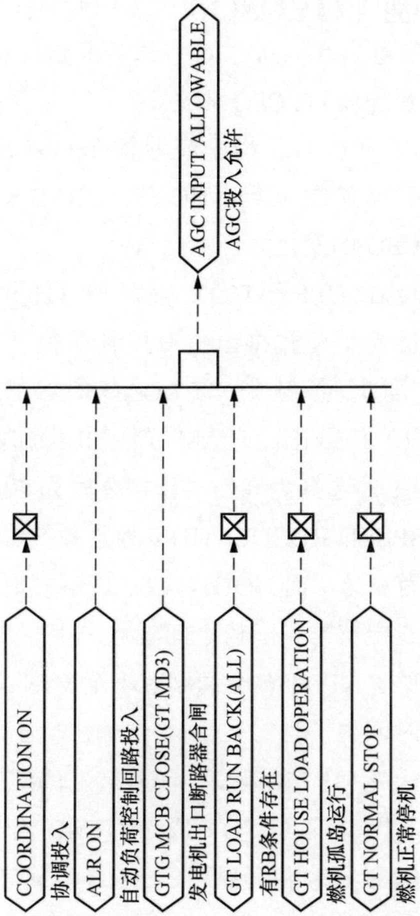

图 2-4 AGC 投入允许条件逻辑简图

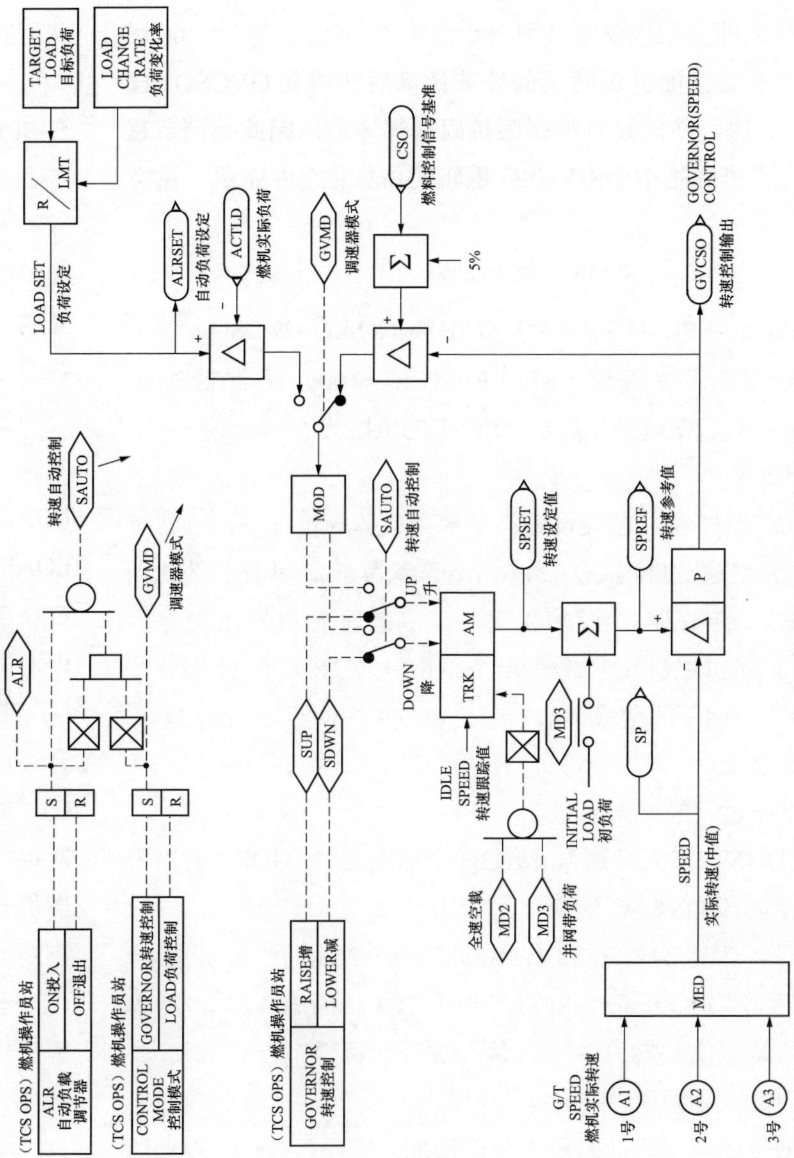

AGC INPUT ALLOWABLE AGC投入允许

- COORDINATION ON 协调投入
- ALR ON
- 自动负荷控制回路投入
- GTG MCB CLOSE(GT MD3) 发电机出口断路器合闸
- GT LOAD RUN BACK(ALL) 有RB条件存在
- GT HOUSE LOAD OPERATION 燃机孤岛运行
- GT NORMAL STOP 燃机正常停机

图 2-5 燃机转速控制策略图

- TARGET LOAD 目标负荷
- LOAD CHANGE RATE 负荷变化率
- R / LMT
- CSO 燃料控制信号基准
- LOAD SET 负荷设定
- ALRSET 自动负荷设定
- ACTLD 燃机实际负荷
- GVMD 调速器模式
- 5%
- GVCSO 转速控制输出
- GOVERNOR(SPEED) CONTROL

- 转速自动控制 SAUTO
- 自动负荷控制模式 ALR
- 调速器模式 GVMD
- MOD
- SAUTO 转速自动控制
- SUP SDWN
- UP 升 DOWN 降
- AM TRK
- SPSET 转速设定值
- SPREF 转速参考值
- IDLE SPEED 转速跟踪值
- INITIAL LOAD 初负荷
- MD3
- SP
- SPEED 实际转速(中值)

(TCS OPS) 燃机操作员站
- ALR 自动负荷调节器 ON投入 OFF退出 S R
(TCS OPS) 燃机操作员站
- CONTROL MODE 控制模式 GOVERNOR转速控制 LOAD负荷控制 S R
(TCS OPS) 燃机操作员站
- GOVERNOR 转速控制 RAISE增 LOWER减

- 全速空载 MD2 MD3
- 并网带负荷 MD3
- G/T SPEED 燃机实际转速 1号 A1 2号 A2 3号 A3
- MED

开度，从而控制机组的转速。它是一个纯比例环节，只要转速偏离给定值（$\Delta n \neq 0$），调节系统立即响应，恢复转速等于给定值，直到 $\Delta n = 0$，调节过程才结束，这样才能保证机组转速始终跟随转速给定值的变化而变化。此种调节方式响应快，并且具有很强的抗内扰能力，但精度不高，且容易产生振荡。燃机转速控制指令 GVCSO 逻辑简图如图 2-6 所示（见文后插页）。

由图 2-6 可知转速控制 GVCSO 的计算公式为

GVCSO = (SPREF-SPEED/30) ×GV GAIN + NO LOAD CSO

式中　SPREF——转速参考值，SPREF=SPSET+100，正常情况下 SPSET 的范围为（-4，6），做超速试验时 SPSET 的范围为（-4，12）。

SPEED——实测转速。

GV GAIN——调速器增益，在假设燃料全部为气体的情况下，满载时燃料输出指令为80%、空载燃料指令为24%，不等率为5%，其计算公式为 GV GAIN=（80%-24%）/5=11.2%，燃油工况下，满载时燃料输出指令为84.6%、空载燃料指令为27.2%，GV GAIN=（84.6%-27.2%）/5=11.48%。

NO LOAD CSO——燃机的空载燃料信号，燃气工况时设定值为24%，燃油工况时设定为27.2%。

1. 正常启动各阶段 GVCSO 的变化

正常启动包括 LDON（点火升速）、MD2（全速空载）、MD3（并网带负荷），下面分析各个阶段 GVCSO 的变化。

在 LDON 为零时，跟踪信号 T_s 为 1，SPSET = 0.266，所以 SPREF=（100+0.266）×30，约为 3008r/min。SPSET 加上 100 后为 100.266，减去实际转速百分比得到偏差值 INPUT，对该偏差进行比例调节。在此期间，GVCSO 的大小会由 100% 慢慢降为 24%。

MD2 时，跟踪信号 T_s 为 0。此时操作员使同期装置投入自动，自动同期装置则会根据同步并网的要求分别产生 SPEED UP（增转速）和 SPEED

DOWN（减转速）的信号，使 SPSET（转速设定值）以一定的斜率增减，从而实现发电机频率与电网频率的匹配。

MD3 时，并网后一个计算周期内，T_s 信号会跟踪 T_r 的值，此时 T_r 是在 SPSET 的基础上加 0.1 的值，GVCSO 使机组升负荷至初始负荷 20MW。一个计算周期后跟踪信号为 0，GVCSO 工作状况则与 MD2 时相同。

2. 非正常工况下各阶段 GVCSO 的变化

以上分析了燃机正常启动过程中转速指令 GVCSO 的变化情况，下面再来分析非正常工况孤岛运行（HOUSE LOAD）、辅机故障减负荷（RUNBACK）时 GVCSO 的变化。

当 GT HOUSE LOAD OPERATION 触发时（HOUSE LOAD 触发信号详见 2.15 节），燃机控制模式将由负荷控制切换至转速控制。HOUSE LOAD 信号出现的同时会触发 GT LOAD RUN BACK（MOMENT），LOAD RB（MOMENT）信号让转速 AM 模块的跟踪信号 T_s 为 1，HOUSE LOAD 信号则让跟踪值 T_r 选择为 0.25（计算公式为 5.0/100.0×GT SPEED REGULATION，GT SPEED REGULATION 为常数 5.0），两者共同作用使 GT SPSET 迅速减小为 0.25，而 HOUSE LOAD 触发时燃机转速又会迅速升高，这样燃机转速设定值与实际值之间就会产生一个很大的差值，根据 GVCSO 的计算公式可知，GVCSO 会急剧减小至 MIN（CSO）19.2% 以下。所以，在相当长一段时间内，当 CSO 的小选输出值小于 MIN（CSO）时，燃机输出 CSO 将一直保持 19.2% 不变。随着转速的缓慢下降，GVCSO 会不断增大，最终将会取代 MIN（CSO）成为主 CSO 输出。

当 GT LOAD RUN BACK 信号触发时（RB 触发信号详见第 2.16 节），因受到 LDCSO TRACKING COMMAND AVAILABLE 信号的限制（该信号始终为 OFF），所以 RB 信号并不会让转速的 AM 模块跟踪。

3. 转速控制模式下的一次调频

第 2.1 节里面提到转速调节模式（ALR ON&GOVERNOR 和 ALR

OFF&GOVERNOR）方式下具有一次调频功能，转速控制模式下的一次调频逻辑简化图如图 2-7 所示，下面分析自动负荷控制投入和退出时转速控制回路的一次调频动作情况。

在投入自动负荷控制的转速调节模式下，机组由转速调节输出 GVCSO 控制调频动作也分以下三种情况：

（1）电网频率升高，GVCSO 下降，控制方式一直为 GVCSO 控制。

（2）电网频率降低，GVCSO 上升未超过 5%，控制方式保持为 GVCSO 控制。

（3）电网频率降低，GVCSO 上升超过 5%，控制方式由 GVCSO 切换为 LDCSO 控制。

当电网频率升高时，机组转速也会跟着电网频率的升高而上升，转速回路有差调节会最先响应，让 GVCSO 快速下降，此时调节并未完成，自动负荷控制回路会让 GVCSO 继续降低，从而使机组负荷迅速达到理论调频值。在自动负荷控制回路中增加了频率补偿，使得一次调频发生时，理论计算的调频功率增量叠加在有功指令的入口，作为功率指令的一部分，因此 ALR ON&GOVERNOR 既实现了一次调频的快速性，又实现了闭环精确性。

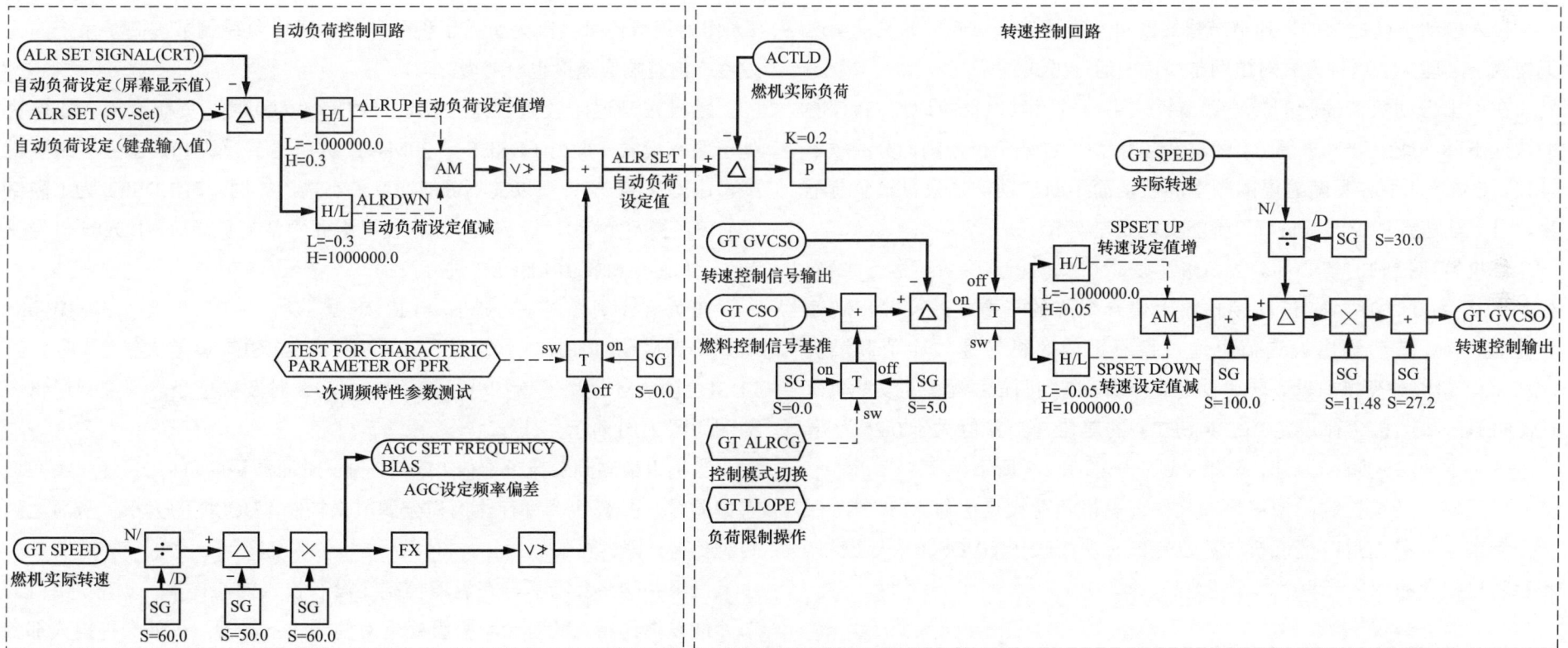

图 2-7 转速控制模式下的一次调频

当电网频率降低时，机组转速也会跟着电网频率的降低而下降，此时 GVCSO 快速上升，而 LDCSO 则响应较慢，GVCSO 和 LDCSO 的差值会减小。若 GVCSO 上升幅度未超过 5%，机组控制方式仍然为转速调节方式，其调频方式与第一种情况类似。

当电网频率降低导致 GVCSO 快速上升超过 5% 时（转速控制方式时，LDCSO 指令是在 CSO 基础上加 5% 跟踪），此时 GVCSO 将大于 LDCSO 的值，控制方式也由原来的转速控制切换成负荷控制，LDCSO 则变为实际的 CSO 输出，维持负荷恒定，不再参与调频。直到频率稳定下来之后，机组再缓慢地调升负荷至调频要求的负荷值。

投入自动负荷控制的转速调节模式既可实现快速调频响应，又能实现无差调节，理论上这种方式对电网是最优的运行方式。

在退出自动负荷控制的转速调节模式下，机组虽然也能通过 GVCSO 的快速下降（或上升）来调节频率，但因为少了自动负荷控制部分的频率补偿，GVCSO 很容易随着电网频率的波动而不断波动，导致机组负荷不稳，且无法达到理论调频负荷，不能实现无差调节。

燃机转速控制的核心部分为 AM 模块。在燃机正常带负荷运行（AM 模块的 T_s 为 0 时），AM 模块接收输出值升或降的指令，改变输出转速设定值，AM 转速输出设定值再通过换算形成燃机转速设定值和燃机 GVCSO，最终改变燃料量。转速设定值升或降的判断依据是燃机实际负荷（ACTLD）和燃机负荷设定（ALR SET）的差值（当差值大于 0.25 为升；当差值小于 -0.25 为降），升、降指令逻辑图如图 2-8 所示。

所以燃机转速控制的最终目的是保证燃机负荷设定值与 ALR SET 保持一致，途径是通过改变燃机转速设定值，从而改变 GVCSO。从逻辑上可以看出控制的变量有两个，即转速和功率。

2.3 负荷控制（LDCSO）

当选择转速负荷模式时，转速控制回路会自动退出并加上一个 5% 的偏置作为备用。负荷控制方式为闭环无差调节，适用于带负荷运行工况下的负荷控制，与转速控制互斥，其控制策略图如图 2-9 所示。

从图 2-9 可以看出，当 LAUTO=0 时，功率设定值由运行人员手动设定，此时机组没有一次调频功能，当 LAUTO=1&GVMD=0 时，负荷设定值 LDREF 则是由自动负荷回路 ALR SET 的值经限速后给定，机组具备一次调频功能。负荷调节是以负荷设定值 LDREF 与实测负荷 LOAD 的差值 Δn 作为调节信号，因为引入了积分环节，所以负荷调节提高了系统的无差度，但是响应速度也会变慢。

燃机在升速阶段且尚未并网时，LDON 为 0 时，负荷设定 AM 模块处于跟踪模式，此时 LDSET = 20MW，负荷调节模块 PIQ 也处于跟踪模式，LDCSO=60%，所以其不可能通过最小选门。同步时 LDSET 为下限值 20MW（初始负荷），等到 GVCSO 使机组并网带初负荷后，LDON 信号变为 1，此时燃机转由 LDCSO 进行控制。

在负荷控制方式下若选择 ALR ON 模式时，LDSET 会以 20MW/min 的速率跟随 ALR SET 的值，当 ALR SET 与 LDSET 偏差大于 0.3 时会给 LDSET 的 AM 模块发增指令，偏差小于 -0.3 时发减指令，其控制逻辑图简图如图 2-10 所示。

当机组检测到负荷设定值 LDSET 与一阶滤波后的负荷实际值 ACTLD 有偏差时，PI 模块会进行比例积分调节来控制 LDCSO 的大小，从而达到控制负荷升降的目的。

机组并网带负荷后，在温度控制还没有投入的前提下，频率／负荷调节才能发挥作用。此时无论机组处于何种模式下运行，另外一种模式都会对此进行跟踪。

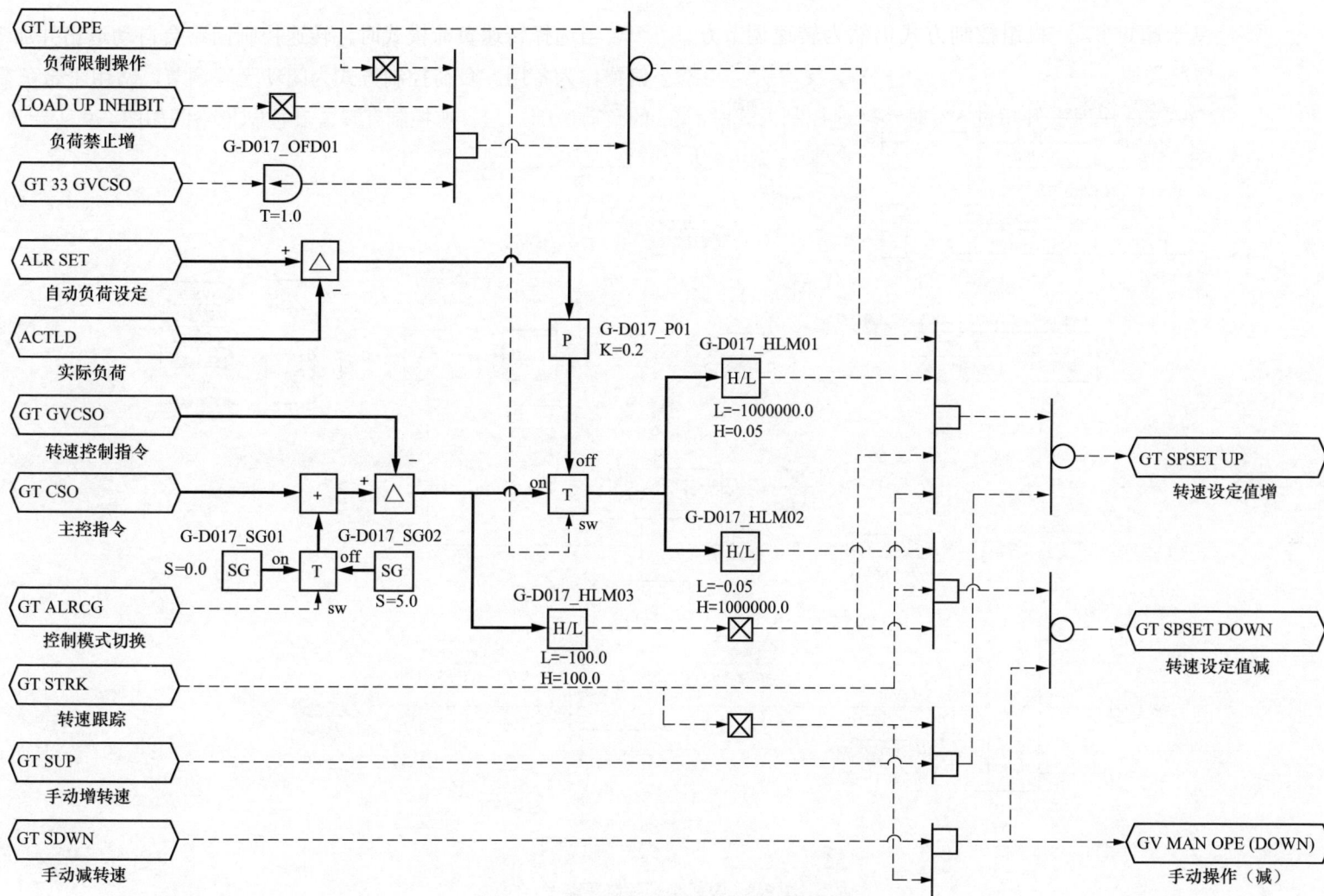

图 2-8　燃机转速设定值增减指令逻辑图

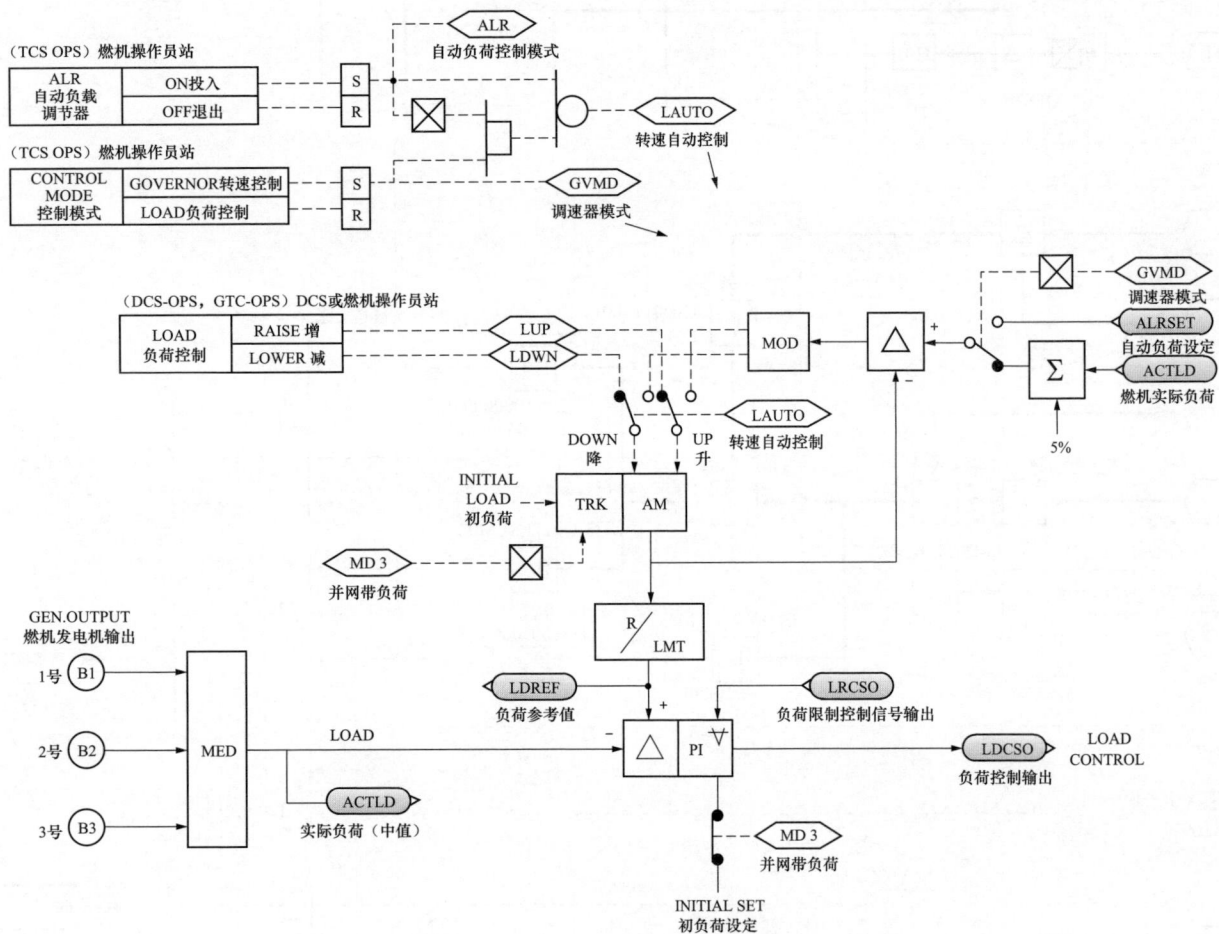

图 2-9　燃机负荷控制策略图

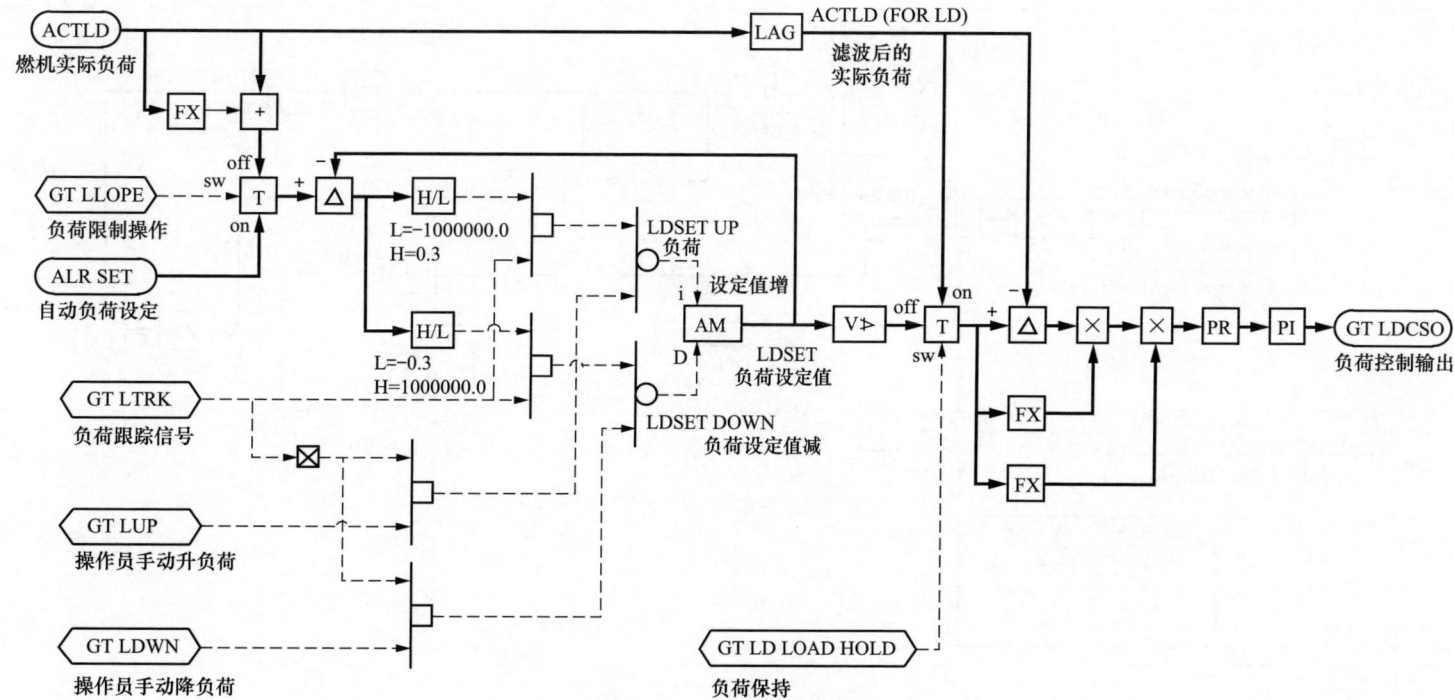

图 2-10　负荷控制逻辑简图

　　为了保护机组热通道，减小热冲击，对负荷控制回路的升速率增加了限制。在燃机负荷为 218MW 以下时，负荷控制的目标值变化率设置为 18.3MW/s，燃机负荷达 245MW 以上时，最大负荷升速率为 1.6MW/s，即机组负荷在 330MW 以上时，负荷升速率只有 2.0MW/s 左右。

　　由第 2.1 节可知，投入自动负荷控制的负荷控制回路（ALR ON&LOAD LIMIT）具有一次调频功能，其逻辑简化图如图 2-11 所示，下面分析自动负荷控制投入时负荷控制回路的一次调频动作情况。

　　在投入自动负荷控制的负荷调节模式下，机组由负荷调节输出 LDCSO 控制，调频动作分以下三种情况：

　　（1）电网频率升高，GVCSO 下降未超过 5%，控制方式保持为 LDCSO 控制。

　　（2）电网频率升高，GVCSO 下降超过 5%，控制方式由 LDCSO 切换为 GVCSO 控制。

　　（3）电网频率降低，GVCSO 上升，控制方式一直为 LDCSO 控制。

　　当电网频率的升高导致转速突升时，GVCSO 也会有一个突降的过程，只要突降的幅度不超过 5%（负荷控制方式时，GVCSO 指令是在 CSO 基础上加 5% 跟踪），此时 GVCSO 仍然大于 LDCSO，转速控制未介入。转速扰动时，自动负荷控制指令 ALRSET 立刻产生阶跃，被置为理论的调频

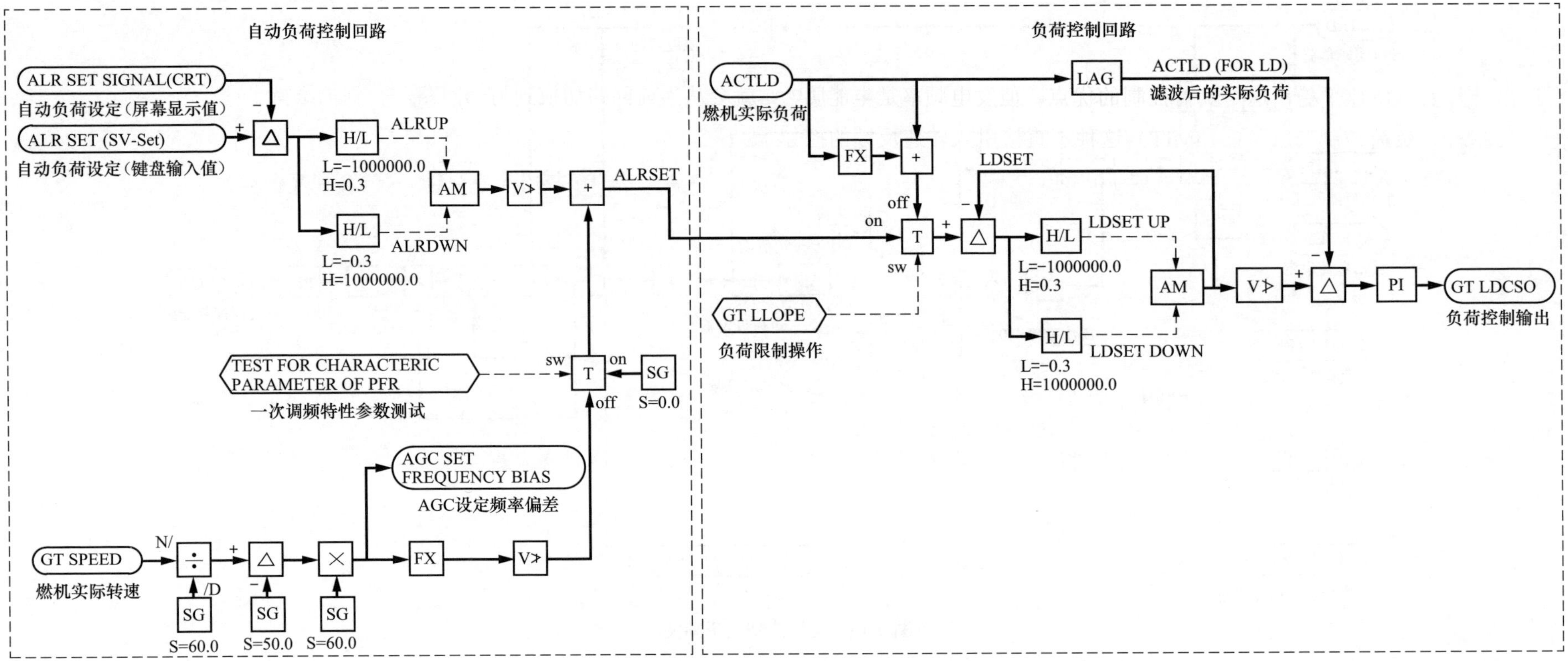

图 2-11　ALR ON&LOAD LIMIT 模式下的一次调频

负荷，而负荷控制回路目标值 LDSET 则由于限速环节的作用，按照一定速率降到这个理论的调频负荷，机组负荷也基本跟随这个目标值降低，调节基本没有偏差。转速下降扰动时的动态响应情况与转速上升扰动类似，在扰动过程中 GVCSO 突升，而后机组在负荷控制回路作用下逐渐提升负荷，然后慢慢达到理论调频值。

当电网频率升高造成 GOVERNOR 的控制输出 GVCSO 减少超过 5% 时，此时 GVCSO 小于 LDCSO，机组控制信号输出 CSO 会暂时切换到 GOVERNOR 的 GVCSO 输出，当电网频率一直都上升使 GVCSO 减小超

过 5% 并持续超过 6s 时，GOVERNOR 会参与调频作用，在电网频率下降后恢复。

当电网频率下降时，GOVERNOR 的控制输出 GVCSO 只会增加，CSO 不会切换到 GVCSO。机组一直保持负荷控制模式，其调频方式与第一种情况类似。

投入自动负荷控制的负荷调节模式下的调频类似于 AGC 动作，其响应速度最慢，但调频可实现无差，机组功率稳定，对机组的扰动小。频率波动大时该方式调频效果较差。

退出自动负荷控制的负荷控制方式是直接通过增加燃料量来改变燃机输出功率进而改变发电机输出功率。在升降负荷时不受燃机转速的反馈影响，所以升降负荷快速平稳，这是负荷控制的优点，但发电频率是电能质量的主要指标，负荷控制（LOAD LIMIT）这种不直接引入转速反馈的控制方式无法快速有效地调整发电机频率就成了它的一大缺点。

2.4　转速 / 负荷控制的相互切换

机组启动完成带负荷后，具体的 CSO 输出由操作员在 OPS 上预设的控制模式来决定。操作员根据中调的要求对 ALR ON/OFF 以及 LDLIMIT（LOAD LIMIT MODE）/43GV（GT GOVERNOR MODE）的状态进行切换。除操作员手动选定外，机组的工作状态仍由如图 2-12 所示的逻辑决定。

GVAUTO ＝ (ALR ON&MD3) OR (LLOPE & GENERATOR POWER OUTPUT RANGE OVER 为 0)

LDAUTO ＝ (ALR ON&MD3) OR LLOPE 为 0

所以当 ALR ON 时转速和负荷都为自动调节。即控制系统将自动调整调速器的参照点 SPREF 或负荷控制器的参照点 LDREF 让机组产生的实际负荷与 ALR SET 的负荷需求等同。

而在 ALR OFF 时则主要由 LLOPE（LOAD LIMIT OPERATION）决定，如果 LLOPE 为 1 则为 GVAUTO；反之则为 LDAUTO。

根据 LLOPE 的逻辑，当 MD3 为 1 且工作在 LOAD LIMIT MODE 下或 LDCSO 作为实际输出时，则 LLOPE 为 1，即机组运行在负荷限制模式下保持恒定负荷输出，频率可随电网进行波动（即 GVAUTO）；反之处于调频运行模式，负荷可根据电网频率自由增减（即 LDAUTO）。

由分析可知，当温度控制回路未投入且自动负荷控制回路投入时

（ALR ON），转速 / 负荷回路的切换是根据电网频率的波动幅度决定的，如果频率的波动引起 GVCSO/LDCSO 上升或下降超过 5%，那么控制回路就会从当前回路切换到另一回路，否则仍维持当前控制回路。

2.5　温度控制（BPCSO&EXCSO）

F 级燃机温度控制具体分为叶片通道温度限制控制和排气温度限制控制两类。相应的温度测点也分为：叶片通道温度测点（20 个）和排气温度（6 个）测点两类，为环型均匀布置。叶片通道温度测量的是透平末级叶片的烟气温度，反应快，排气温度测量的是排气管道下游的温度，烟气混合充分。

正常情况下，燃机透平进气温度 T_3 越高，燃机的功率和效率越高，因此机组多希望在尽可能高的 T_3 温度下安全运行。但是如果 T_3 超出了合理的范围，将会对燃机的安全造成威胁，因此在燃机运行过程中必须严格监控温度变化，保证 T_3 不超过规定的限定值。

但 T_3 温度非常高，通常在 1400℃左右，要直接测量和控制都非常困难。而在大气温度不变的稳态工况下，T_3 和排气温度 T_4 的变化趋势是相同的，而 T_4 远低于透平前温 T_3，且 T_4 的温度场也因燃气经过透平做功时有所混合而比较均匀，所以 T_4 便于测量和控制。因此可以通过测量燃机的排气温度 T_4 来间接反映透平前温 T_3 的大小。

为了反映变化的大气温度，还需要用大气温度或压气机出口压力等参数来修正 T_4 温度。当大气温度增高时，压气机出口压力降低，为使 T_3 为常数，T_4 温度增高。相反，为维持 T_3 为常数，当大气温度降低时，压气机出口压力升高，则 T_4 温度降低。温度控制策略如图 2-13 所示。

F 级燃机采用压气机出口压力（COMB.SHELL PRESS，也称燃烧室壳体压力）作为修正参数，为使 T_3 为常数，排气温度 T_4 和压气机出口压力

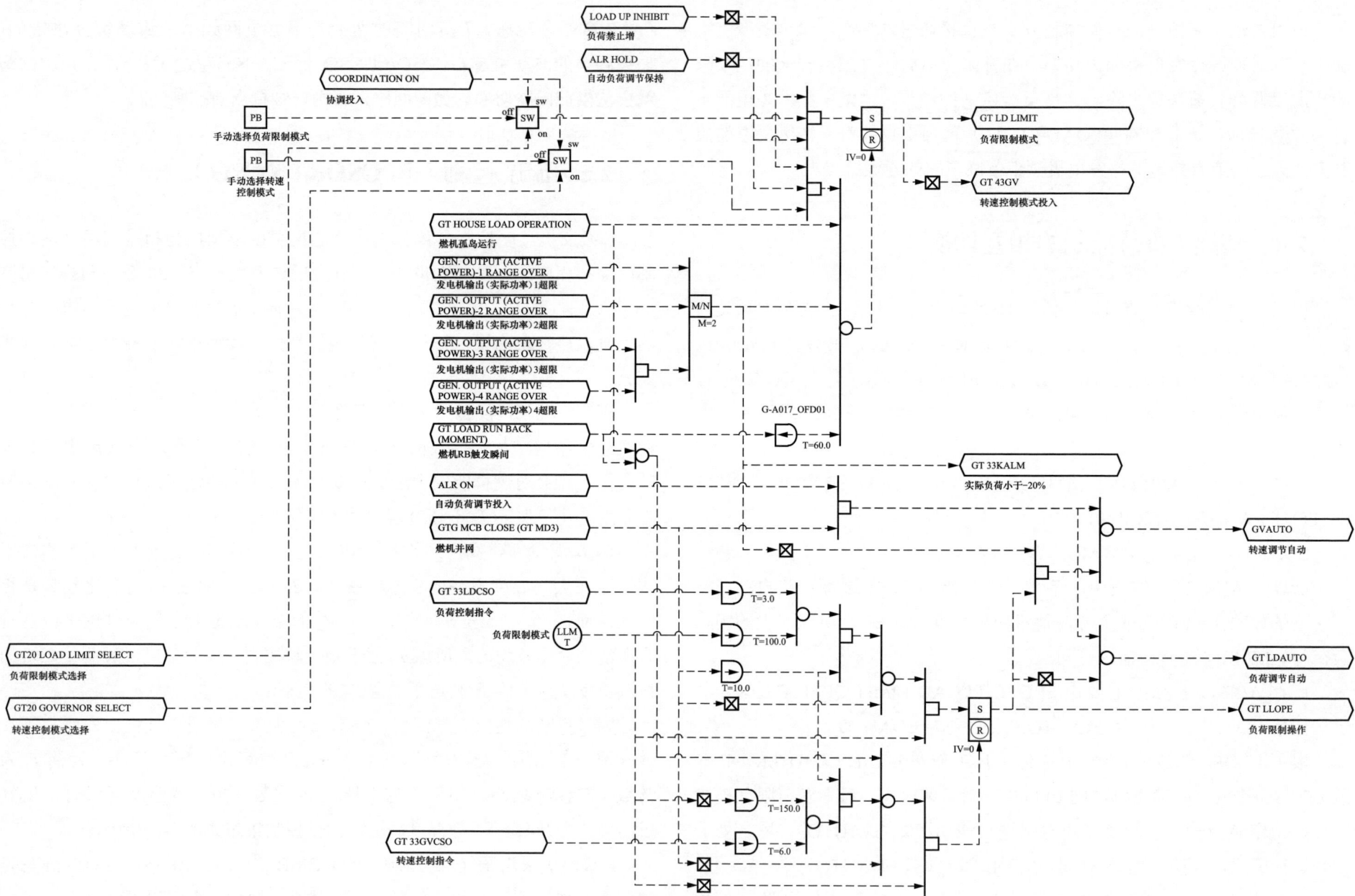

图 2-12　转速/负荷控制

之间有一条关系曲线，这就是温控基准线。

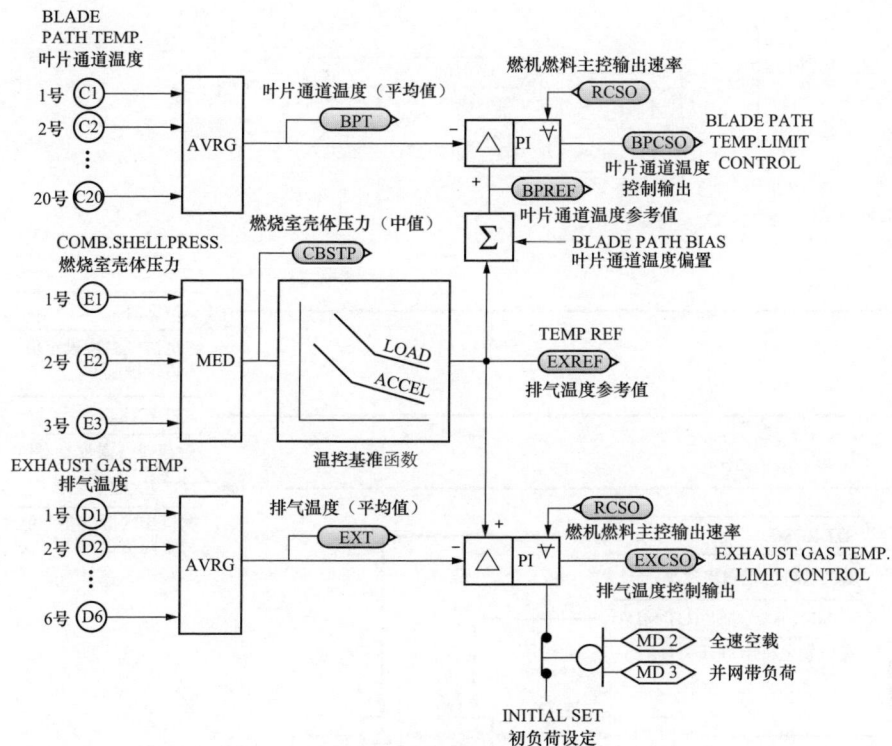

图 2-13　温度控制策略图

压气机出口压力有三个测点，取中值后作为温控基准函数的输入，温控基准函数的输出则作为排气温度 T_4 的参考基准值（EXREF）。EXREF 加上一个偏差量（BLADE PATH BIAS）作为叶片通道温度的参考基准值（BPREF），因为叶片通道温度在排气温度的上游，因此其温度参考基准（BPREF）应该比排气温度参考基准（EXREF）高，这个偏差值大约为 15℃。

温度控制系统分别根据参考基准值（EXREF 和 BPREF）与相应测量值的实际偏差值 x，输入到有高低值限制的 PI 调节器，各自的输出则分别为 EXCSO 和 BPCSO，如图 2-14 和图 2-15 所示（见文后插页）。

当偏差为正值时（EXT/BPT 均值比参照点低），控制器的输出为上限值，当前 CSO 加 5，以跟踪当前的实际控制 CSO。

倘若出现负值的偏差（EXT/BPT 均值比参照点高），控制器将削减自己的燃料控制信号 CSO（EXCSO / BPCSO），直至达到正值的偏差为止。

在燃机升负荷过程中，随着燃料控制信号基准（CSO）不断增加，燃机负荷和排气温度也不断升高，压气机进口导叶（IGV）角度随着开大以控制排气温度（EXT）。当负荷继续增加使进口导叶开到最大角度后，排气温度将大于温控基准，温度控制回路投入，抑制住燃料和负荷的增加，保证透平进气温度在允许范围内，避免过高温度对透平叶片的损害。温度控制系统在未投入前处于开环状态，为一阶惯性环节，实现对燃料基准的跟踪。当温控系统输出小于转速/功率控制系统输出被选中后，形成闭环的 PI 调节回路。

温度控制系统的作用可以总结为如下几点：

（1）在燃气温度超过允许值时，限制燃料的最大流量并保证启动和带负荷的每一阶段，透平的入口温度是安全的，使燃气温度不超过允许值。

（2）在必要时（尖峰运行和尖峰超载运行）可以提高温度的限制值。运行中这个限制值是逐渐提高的，使机组的受热部件承受较小热应力。

（3）和超温保护系统一起，在各通道所测的温度值的差额超过某一定值时发出警报。机组不论用何种方式加载，一旦机组进入温度控制便会自动切断加载回路，停止加负荷。

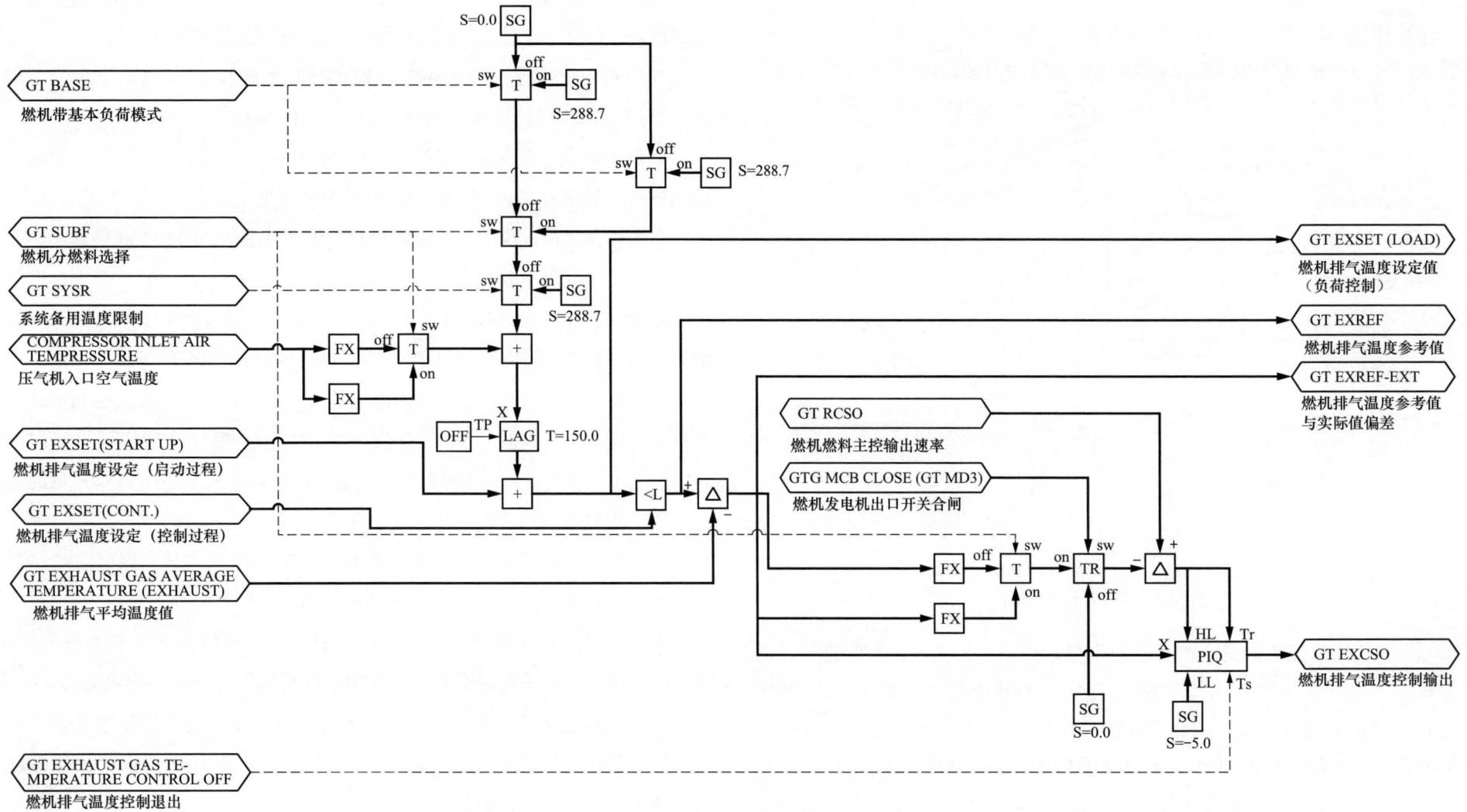

图 2-14　排气温度控制

2.6 燃料限制控制（FLCSO）

燃料限制控制是一个开环控制系统，主要用于启动升速过程中控制燃料量，它是根据 GT SPEED 和 COMB SHELL PRESS 的实测值进行函数运算并通过高选作为 FLCSO 的输出。其控制策略及逻辑简图分别如图 2-16 和图 2-17 所示。

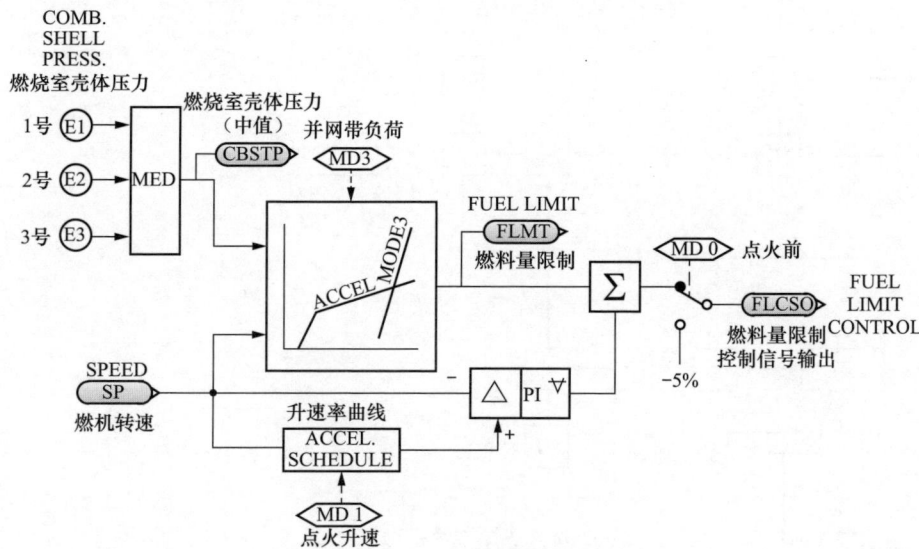

图 2-16 燃料限制控制策略图

1. FLCSO 指令的计算

（1）点火前：

$$FLCSO=-5 \tag{2-1}$$

（2）点火时：

$$FLCSO=20-10 \times (GTSPD_{ig}-500) \tag{2-2}$$

式中 $GTSPD_{ig}$——点火转速，与压气机进口温度有关，其对应关系见表 2-1。

表 2-1　　　　压气机进口温度与燃机点火转速的对应关系

Tamb(℃)	−40	−11.9	0	10	15	20	30	40	42.4	60
$GTSPD_{ig}$(r/min)	502.2	502.2	520	535	542	550	565	580	583.6	583.6

（3）点火后模式：点火成功后 FLCSO 是根据 GT SPEED 和 COMB SHELL PRESS 的实测值进行函数运算并通过高选门后再加上升速率的修正作为最终的指令输出，其计算公式如下：

$$FLCSO=MAX(FXPCS, FXS)+MIN\left[10 \times (GTSPD_{ramp}-GTSPD) \times \frac{100}{3750}, 0\right] \tag{2-3}$$

式中　　FXPCS——燃烧器壳体相对压力（PCS+Pamb）/Pamb 的函数，其关系见表 2-2；

　　　　PCS——燃烧器壳体压力实测值；

　　　　Pamb——当前环境压力；

　　　　FXS——燃机转速的函数，其关系见表 2-3；

　　　　$GTSPD_{ramp}$——限速后燃机转速，燃机加速阶段对应的升速率见表 2-4；

　　　　GTSPD——燃机转速。

表 2-2　　　　燃烧器壳体相对压力与 FXPCS 的对应关系

(PCS+Pamb)/Pamb	0.0	1.0	10.9	13.3	16.8	18.8	25.0
FXPCS	0	0	80	100	100	100	100

表 2-3　　　　燃机转速与 FXS 的对应关系

GT Speed(r/min)	0	500	580	2500	3000	3750
FXS(%)	0	0	6	40	40	40

表 2-4　　　　燃机转速与升速率的对应关系

GT Speed(r/min)	0	800	900	1100	1500	2100	2400	2700	3000	3750
Acc rate(r/min)	135	135	135	135	135	135	135	135	135	135

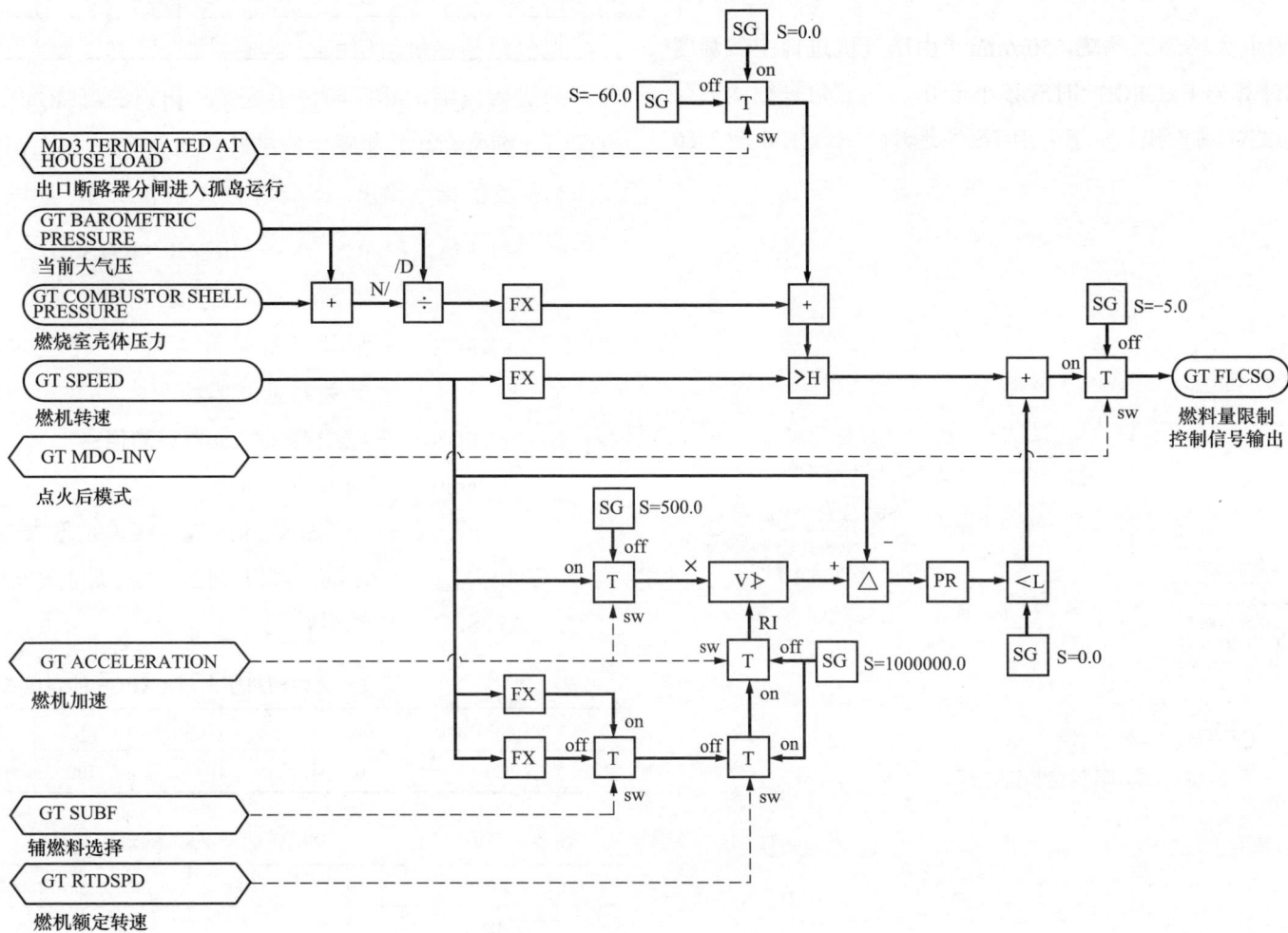

图 2-17　燃料限制控制逻辑简图

2. 燃机运行中 FLCSO 的变化

（1）点火前 FLCSO 被钳制在 −5％ 输出。

（2）在点火时，因点火转速大约为 550r/min（由压气机进口空气温度决定），所以通过公式计算出 FLCSO 此时应该小于 0。

（3）加速阶段，FLCSO 随着转速的增加而线性地增大（在 580 ～ 2500 r/min 阶段增加速率为 1/76.8r/min）。达到额定转速后，即 MD2，FLCSO 略小于 45。

（4）带上负荷后，即 MD3，FLCSO 变成略小于 100，不可能通过最小选，从而退出实际控制。所以 FLCSO 只作用于启动升速至定速阶段燃料量开环控制。

燃机启动至带满负荷过程中 FLCSO 趋势如图 2-18 所示。

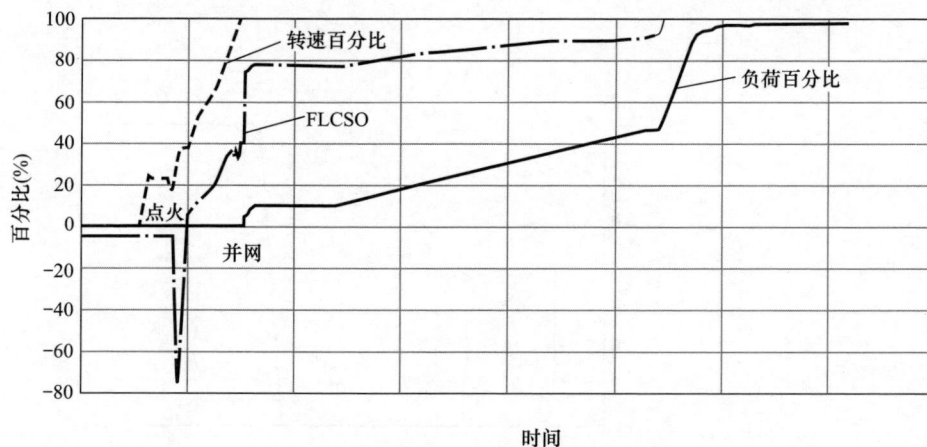

图 2-18　燃机启动过程中 FLCSO 曲线

2.7　进口可调导叶控制（IGVCSO）

压气机是燃机机组的重要组成部分，其主要作用是从周围大气吸入空气，并进行压缩，然后向位于压气机出口的燃烧器提供有一定压力、温度的空气。通常在压气机第一级动叶前还有一列静止固定的叶片，称为进口导流叶片（inlet guide vane，IGV），用来控制进入第一级动叶前的气流方向。

压气机进口导叶控制就是当机组启停或调整负荷时，通过调节 IGV 叶片角度的变化，限制进入压气机的空气流量，从而达到保护机组安全运行、提高运行效率的目的。

IGV 在不同的阶段其角度也有所不同，所具备的功能也不一样，其控制策略如图 2-19 所示。

1. 启动期间

当燃机启动令发出（L4 master on）后，高压释放压力超过特定的允许值会在轴流式压缩机中产生一种被称为"喘振"的异常工况。出现这种情况时，压缩机要经受不稳定气流引起的出口巨大的压力和急剧波动。

轴流压缩机专门有一个狭小的允许的低速运行范围。这样轴向压缩机在启动时具有较小的"喘振"。

为了防止喘振，在发出启动令且燃机转速小于 2745r/min 时，IGV 位于中间开度（10.64％，角度 34°），以减小进气流量，扩大压气机的稳定工作范围。除上述调节以外，从压缩机中抽气可改善启动期间的运行特性。

从转速达到 2745r/min 到燃机并网期间，IGV 关闭到最小开度，因为喘振带主要在转速较低的区域，当转速达到一定高度避开喘振带后，关小 IGV 还能够减小压气机的阻力，减少燃机升速过程中无谓的损耗。

2. 带负载运行期间

当机组并网后，IGV 保持最小开度不变，以维持较高的燃机排气温度，使余锅产生较大的蒸汽流量，提高联合循环的整体效率。若燃机负荷继续增加，直至大于 165MW 左右时，IGV 逐渐打开，到燃机负荷等于 310MW 时达到最大开度，之后即使负荷继续增加，IGV 保持最大开度不变。

不同工况下 IGV 曲线图如图 2-20 所示。启动期间 IGV 受透平转速控制。负载运行期间，IGV 受控于预定的燃烧室壳体压力函数定义的排气温度值。

IGV 控制逻辑简图如图 2-21 所示。

从图 2-21 可以清晰地看出，当 L4 未投入，燃机转速小于 300r/min（GT 14C10）来时，IGV 开度为 10.64%，大于 300r/min 时，IGV 开度为 36.17%；当 L4 已投入，燃机转速小于 2745r/min 时，IGV 开度根据转速 VS 开度曲线动作，其开度为 37.23%，燃机转速大于 2745r/min 时，关到 0%，并网后则根据 IGV SET 值动作。

并网带负荷运行时，IGV 的开度控制由两部分组成：

第一部分：根据压气机进气温度和燃机负荷进行的前馈控制（开环调节），具体计算方法为燃气负荷（GT MW）除以 MFCLCSO 校正值，再乘以大气压力和压气机入口温度修正后，根据负荷 VS 开度曲线生成 IGV 开度。而燃机的功率是机组实际总负荷减去汽机负荷得来，故燃机负荷对 IGV 开度的影响最终归结为汽机负荷（ST MW）对 IGV 的影响。根据图 2-22 可知，汽机功率是通过中、低压缸进汽压力，高压蒸汽温度，再热蒸汽温度经过折算后按照一系列公式运算得来，所以这些参数的变化也会影响 IGV 开度。

对于 F 级燃机 IGV 控制中引入压气机进气温度修正，其存在一定的物理意义。众所周知，大气温度对于简单循环燃机及其联合循环的功率和效率均有较大的影响，其主要原因有：

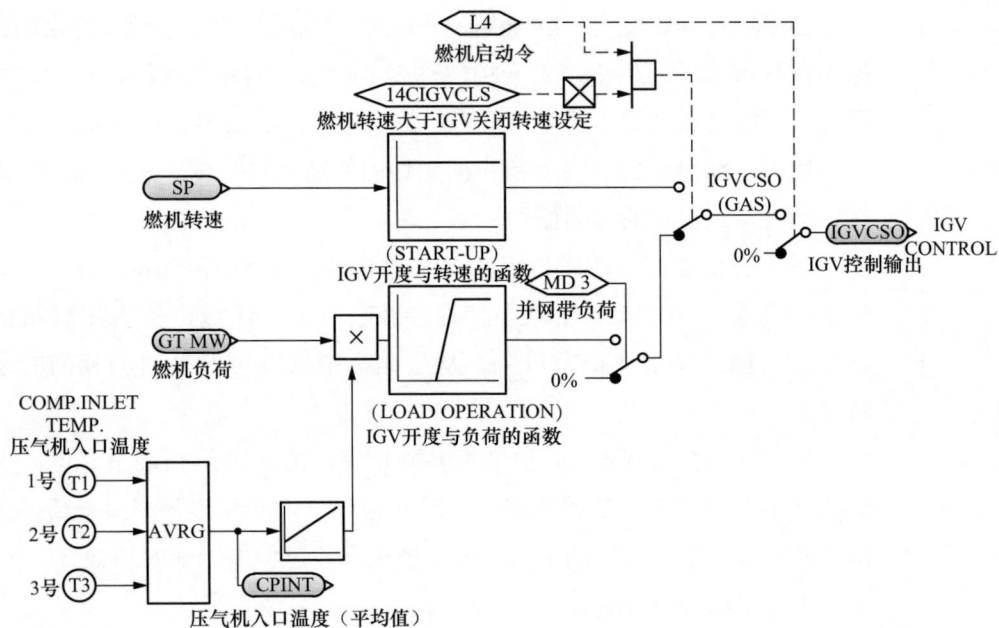

图 2-19　IGV 控制策略图

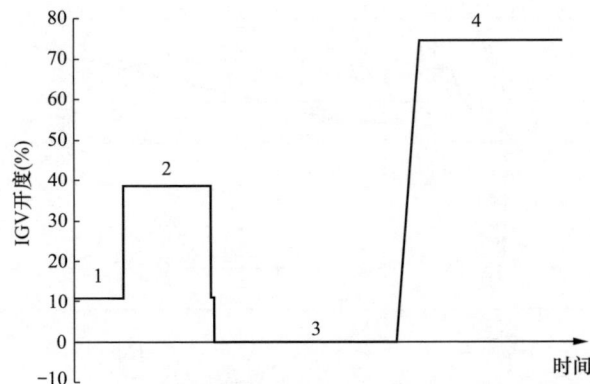

第1阶段：燃机转速小于或等于300r/min，IGV开度10.64%
第2阶段：燃机转速大于300r/min且小于或等于2745r/min，IGV开度36.17%
第3阶段：燃机转速大于2745r/min且燃机负荷小于或等于165MW，IGV开度0%
第4阶段：燃机负荷大于165MW，IGV逐渐开到最大开度74.47%

图 2-20　不同工况下 IGV 开度曲线图

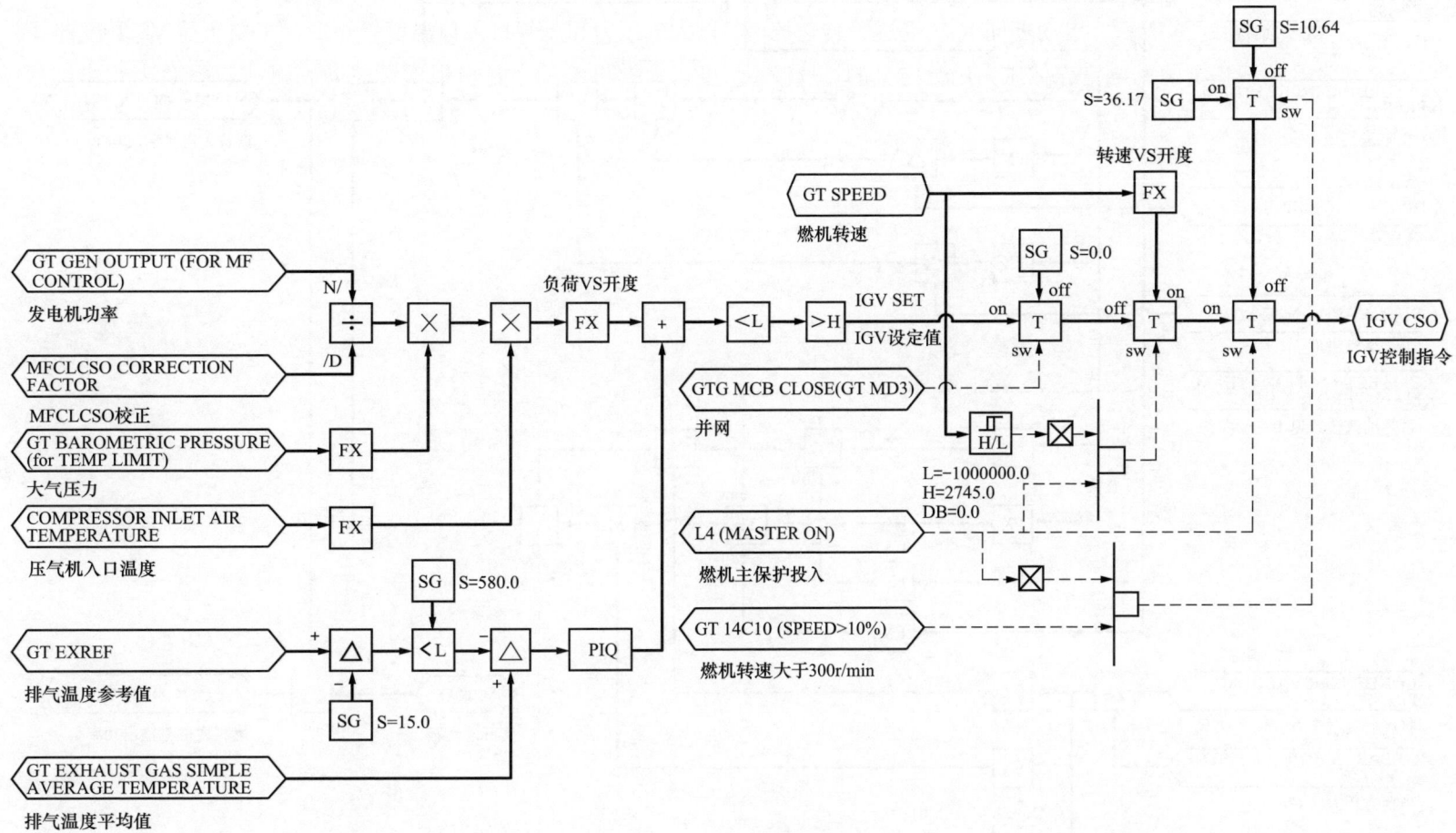

图 2-21 IGV 控制逻辑简图

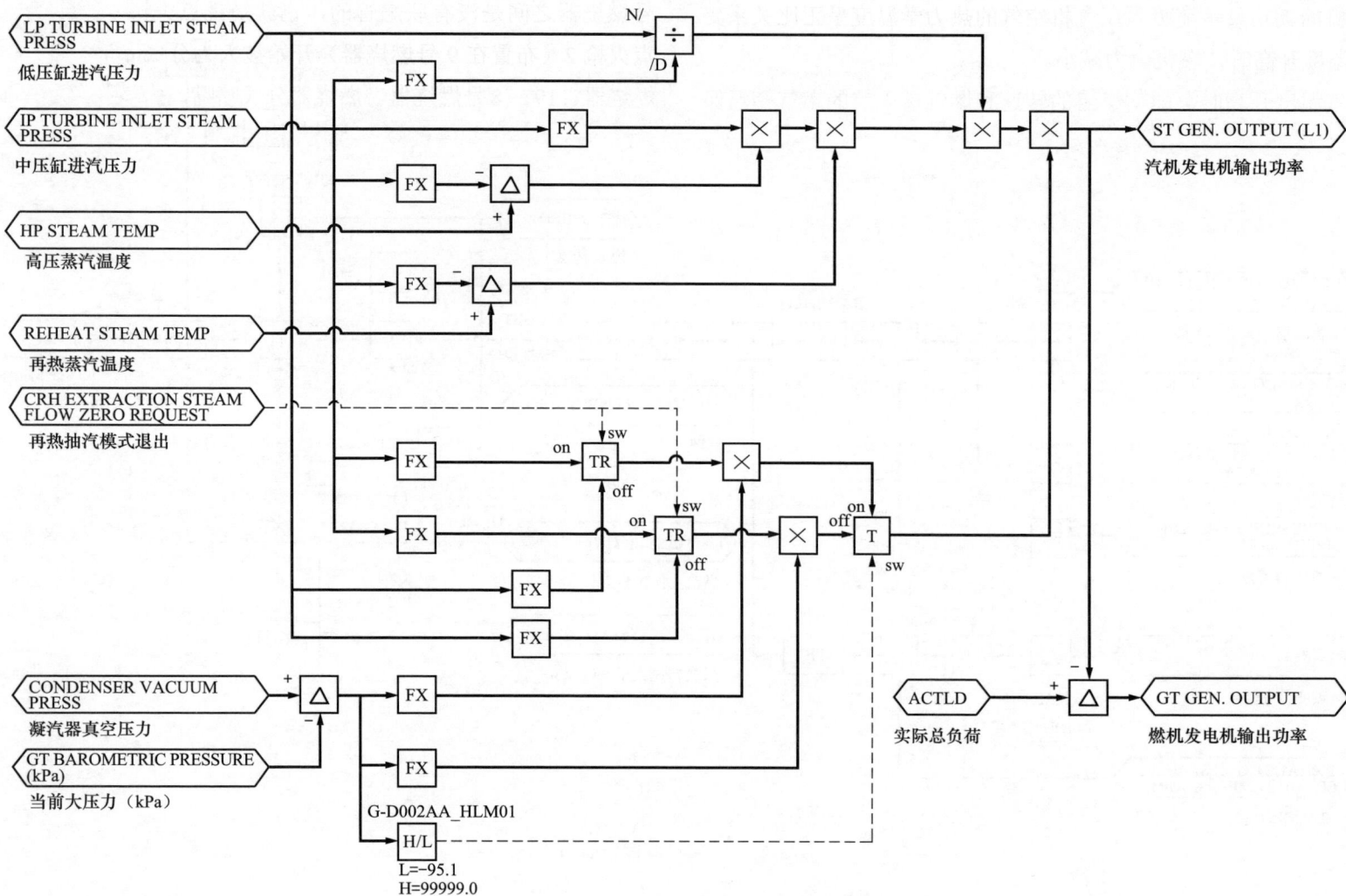

图 2-22　汽机负荷和燃机负荷计算逻辑简图

（1）随着大气温度升高，空气密度降低，导致吸入空气压缩机的空气质量流量减少，机组做功能力随之变小。

（2）压气机的耗功量是随吸入压气机空气的热力学温度呈正比关系变化的，即大气温度升高时，燃机出力减小。

（3）当大气温度升高时，即使机组的转速和燃气透平前的燃气初温保持恒定，压气机的压缩比也将有所下降，导致了燃气透平做功量的减少。

从上述原因可以看出，若大气温度升高时，要维持燃机出力稳定，则需调节 IGV 开度，从而调整进入压气机的空气流量。若大气温度下降时，压气机耗功量减少，为维持燃机出力稳定，亦需要调节 IGV 开度，调整压气机进气量。甚至在部分负荷工况下，也需要调节 IGV 的开度，力求减少进入机组空气的质量、流量，以保持透平前的燃气初温恒定不变或调节维持在允许范围之内。因此，IGV 的开度需要针对不同的大气温度进行修正，这也表现在 F 级燃机 IGV 控制逻辑内。

第二部分：根据燃机排气温度进行的反馈控制（闭环调节），闭环反馈控制器的输出为排气温度平均值与排气温度参考值之差经 PI 控制器后的输出。负荷调节时，IGV 的偏转角度为前馈控制器输出与反馈控制器输出之和，前馈控制可以提高控制系统对负荷变化的响应速度，闭环反馈控制可以保证合适的排气温度，防止排气温度过高，二者结合很好地提高了控制系统的速度和精度。

2.8　燃料量分配控制

F 级燃机环形布置有 20 个环管型燃烧器，每个燃烧器分主燃料 A、主燃料 B、端盖、辅助四个喷嘴，每个燃烧器的燃料量均是相等的，喷嘴的燃料量根据负荷的不同会有不同的变化，同时对燃料密度、热值、成分有一个相应的补偿，在运行中同时接受 A-CPFM 系统的在线微调。

1. F 级燃机燃烧器组成 / 结构

F 级燃机 20 个环管型燃烧器之间有联焰管相通，但 18 号燃烧器与 19 号燃烧器之间是没有联焰管的，也就是说点火枪 1（布置在 8 号燃烧器）、点火枪 2（布置在 9 号燃烧器）开始被人为分成了两个半区，即 9 ～ 18 号燃烧器、19 ～ 8 号燃烧器。燃烧器分成喷嘴、内筒、尾筒、旁路阀四部分，从压气机扩压器出来的空气流入到燃烧器，在这与燃料气混合，进行均匀的燃烧。采用的是预混式燃烧器，其优点是可以有效地减少 NO_x 的排放，但缺点是燃烧稳定性差，可能出现回火。旁路阀的设置也是 F4 相对于 F3 机型上的一个改进，其作用是在低负荷时，一部分压气机出口空气通过旁路阀直接进入燃气透平，不参与燃烧，旁路阀与进口可调静叶（IGV）配合运行，调节燃料 / 空气比，使燃机处于良好的燃烧状态。喷嘴布置图及结构图如图 2-23 和图 2-24 所示。

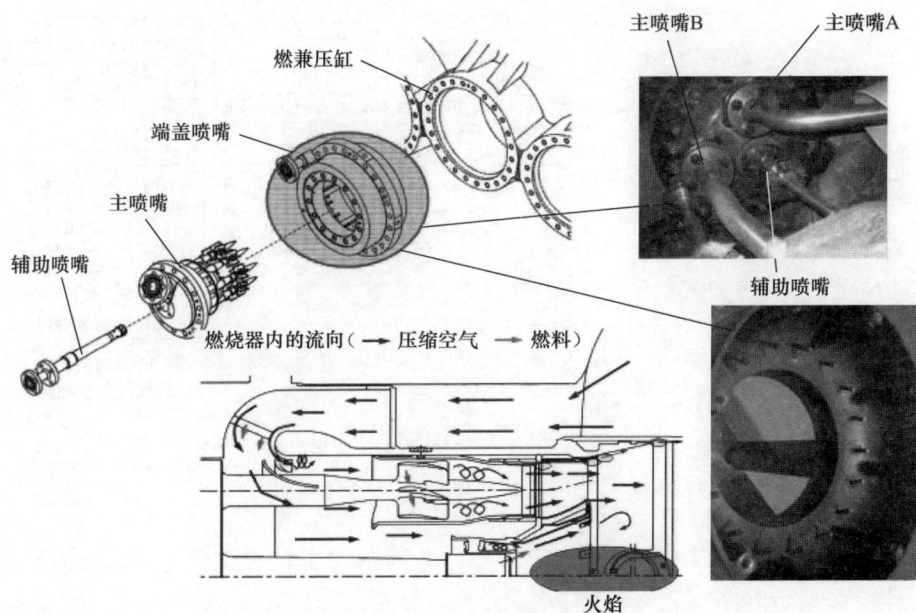

图 2-23　燃烧器喷嘴布置图

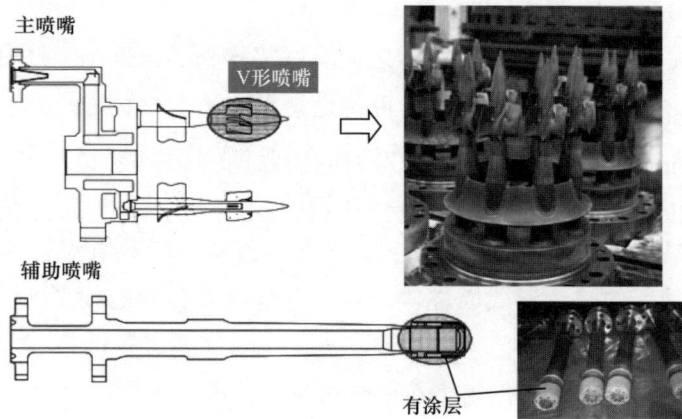

图 2-24　燃烧器喷嘴结构图

2. 燃料分配系统组成部分

每台 F 级燃机均配有 1 个燃气温度控制阀（三通阀）、1 个燃气加热器（FGH）、2 个燃气压力控制阀（压力控制阀 A、压力控制阀 B）和 4 个燃气流量控制阀：主 A 流量控制阀、主 B 流量控制阀、值班（辅助）流量控制阀、顶环（端盖）流量控制阀。燃气经过 FGH 之后被加热到 210℃进入压力控制阀组，燃料控制阀组由压力控制阀和流量控制阀串联组成，压力控制阀在前，流量控制阀在后，压力控制阀控制流量阀前后的压差，使其维持在一个定值（约为 0.392MPa），这样，燃气流量和流量控制阀的开度就成正比了，通过控制燃气流量调节阀的开度即可精确控制进入燃烧室的燃料流量。燃料量分配工艺图如图 2-25 所示。

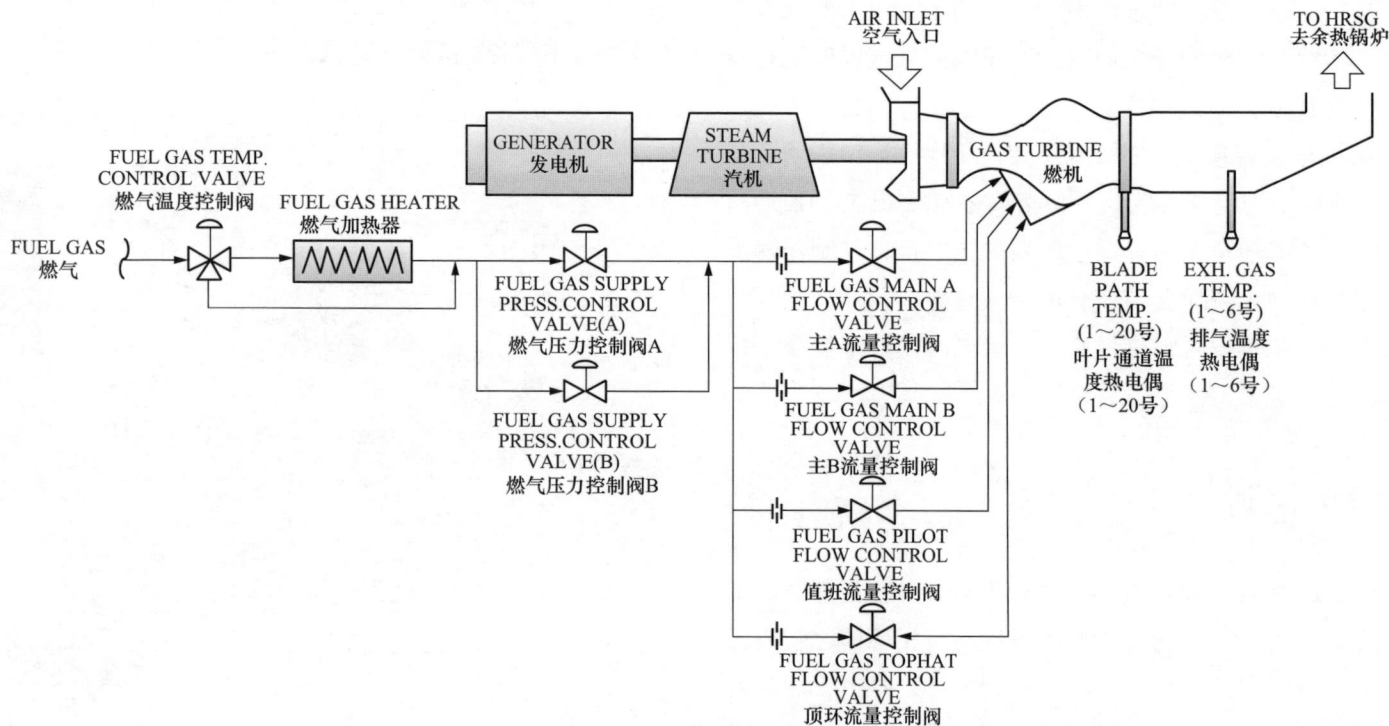

图 2-25　燃料量分配工艺图

3. 燃料量控制原理

进入燃机的燃气总流量由 CSO（控制信号输出）控制，CSO 指令又会按照逻辑中设定好的比率分配给 MFPLCSO、MFTHCSO 和 MFMCSO，MFPLCSO 是送给值班燃料的指令，MFTHCSO 是送给顶环燃料的指令，MFMCSO 是送给主路燃料的指令，其中 MFMCSO 又会分成两路送给主 A 管路和主 B 管路，指令分别为 MFMACSO 和 MFMBCSO，这样，每条管线的燃气流量由各自分配的指令单独控制。其控制策略及控制逻辑简图如图 2-26（见文后插页）和图 2-27 所示。

4. 燃料分配指令的计算

（1）值班燃料指令 MFPLCSO。由图 2-27 可以看出，无辅路值班燃料时，值班燃料指令 MFPLCSO 与 MFPLSET 相等，通过分析 MFPLSET 逻辑即可得出 MFPLCSO 的计算公式。MFPLSET 控制逻辑简如图 2-28 所示。

从图 2-28 可以看出，在燃机升速阶段，值班燃料指令 MFPLCSO 占燃料总指令 CSO 的比例主要与燃机转速相关，其计算公式如下：

$$\text{MFPLCSO} = \text{FXS} \times \text{MFCSO} \tag{2-4}$$

式中　FXS——转速函数，其对应关系见表 2-5。

表 2-5　　　　　　　　燃机转速与 FXS 的对应关系

GT Speed(r/min)	0	600	1100	1500	2100	2830	3000	3750
FXS(%)	38	38	38	33	30.4	24.5	20	20

燃机并网后带负荷阶段，MFPLCSO 与压气机进气温度、燃气热值、惰性气体成分等因素有关，其计算公式如下：

$$\text{MFPLCSO} = (\text{PLRatio}_0 - \Delta\text{PLRatio} \times T_{\text{PLRatio}} + \Delta\text{PLRatio}_{\text{LHV}} \times \text{PLRatio}_{\text{LHV}}$$
$$+ \Delta\text{PLRatio}_{\text{INERT}} \times \text{PLRatio}_{\text{INERT}}) \times \text{CSO} \tag{2-5}$$

式中　　PLRatio_0——CLCSO 的函数，其对应关系见表 2-6；

　　$\Delta\text{PLRatio}$——压气机进气温度对 PLRatio_0 的修正；

　　T_{PLRatio}——压气机进气温度修正因子；

　　$\Delta\text{PLRatio}_{\text{LHV}}$——燃气热值影响的修正因子；

　　$\text{PLRatio}_{\text{LHV}}$——燃气热值对 PLRatio_0 的修正；

　　$\Delta\text{PLRatio}_{\text{INERT}}$——惰性气体成分影响的修正因子；

　　$\text{PLRatio}_{\text{INERT}}$——惰性气体成分对 PLRatio_0 的修正。

表 2-6　　　　　　CLCSO 与 PLCSO 占比的对应关系

MFCLCSO(%)	-20.7	21.2	29.4	42.4	69.1	93.1	95.8	98.3	99.2	124.3
PLRatio₀(%)	20.0	20.0	17.5	17.5	5.2	3.0	3.0	2.4	2.4	2.4

（2）顶环燃料指令 MFTHCSO。MFTHCSO 计算方法与 MFPLCSO 类似，从燃机启动到带负荷的整个过程中一直与压气机进气温度、燃气热值、惰性气体成分等因素有关，通过分析 MFTHSET 逻辑即可得出 MFTHCSO 的计算公式。MFTHSET 控制逻辑简图如图 2-29 所示。

由图 2-29 可知，顶环燃料指令 MFTHCSO 的计算公式如下：

$$\text{MFTHCSO} = (\text{THRatio}_0 - \Delta\text{THRatio} \times T_{\text{THRatio}} + \Delta\text{THRatio}_{\text{LHV}} \times \text{THRatio}_{\text{LHV}}$$
$$+ \Delta\text{THRatio}_{\text{INERT}} \times \text{THRatio}_{\text{INERT}}) \times \text{CSO} \tag{2-6}$$

式中　　THRatio_0——CLCSO 的函数，其对应关系见表 2-7；

　　$\Delta\text{THRatio}$——压气机进气温度对 THRatio_0 的修正；

　　T_{THRatio}——压气机进气温度修正因子；

　　$\Delta\text{THRatio}_{\text{LHV}}$——燃气热值影响的修正因子；

　　$\text{THRatio}_{\text{LHV}}$——燃气热值对 THRatio_0 的修正；

　　$\Delta\text{THRatio}_{\text{INERT}}$——惰性气体成分影响的修正因子；

　　$\text{THRatio}_{\text{INERT}}$——惰性气体成分对 THRatio_0 的修正。

表 2-7　　　　　　CLCSO 与 THCSO 占比的对应关系

MFCLCSO(%)	-20.7	0	14.7	60.8	71.4	85	93.1	98.3	113.9	124.3
THRatio₀(%)	8.6	8.6	8.6	8.6	16.3	22.5	22.5	25.0	25.0	25.0

GT MFPLSET
主路值班燃料设定值

GT MFPLCSO
主路值班燃料指令

S=1.0 SG

GT FRPCSO
值班燃料输送控制信号

GT SFPLSET
辅路值班燃料设定值

GT SFPLCSO
辅路值班燃料指令

GT CSO
燃料量控制信号

SG S=1.0

GT FRTCSO
顶环燃料输送控制信号

GT MFTHSET
主路顶环燃料设定

GT MFTHCSO
主路顶环燃料指令

GT FRMCSO
主燃料输送控制信号

FX

GT SFMCSO
辅路主燃料指令

FX

GT MFMCSO
主路主燃料指令

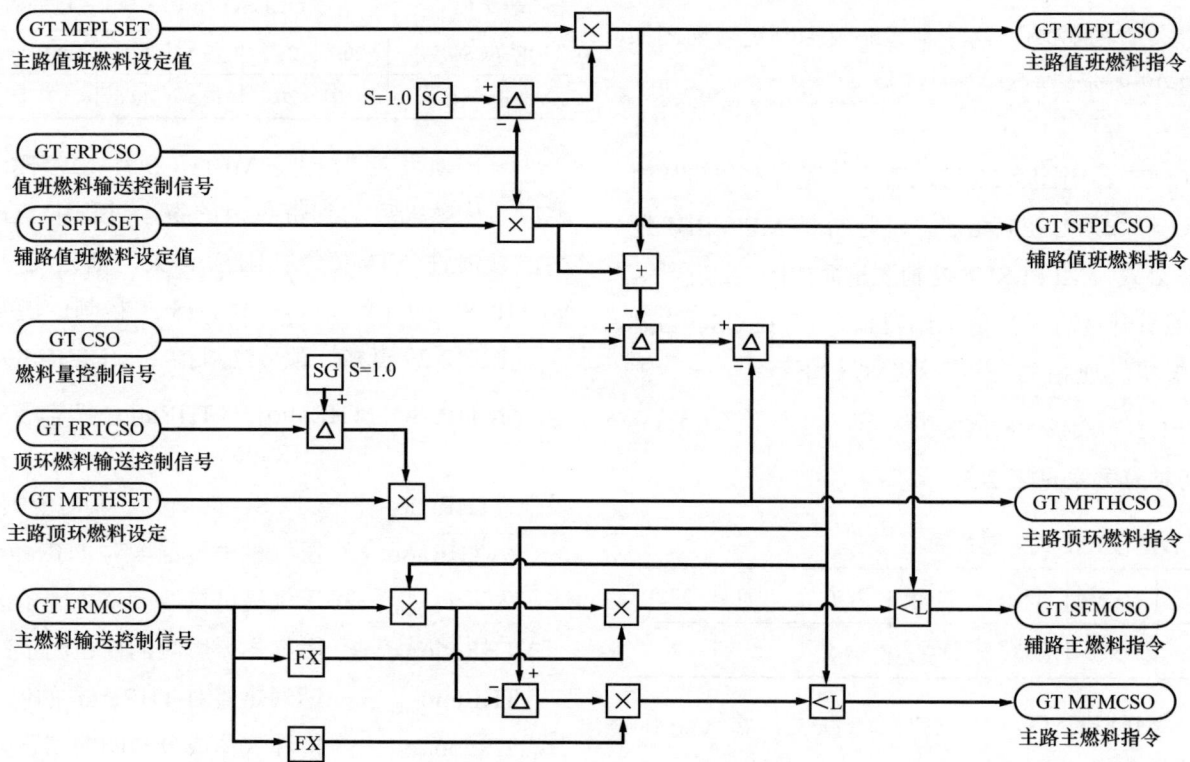

图 2-27 燃料量分配控制逻辑简图

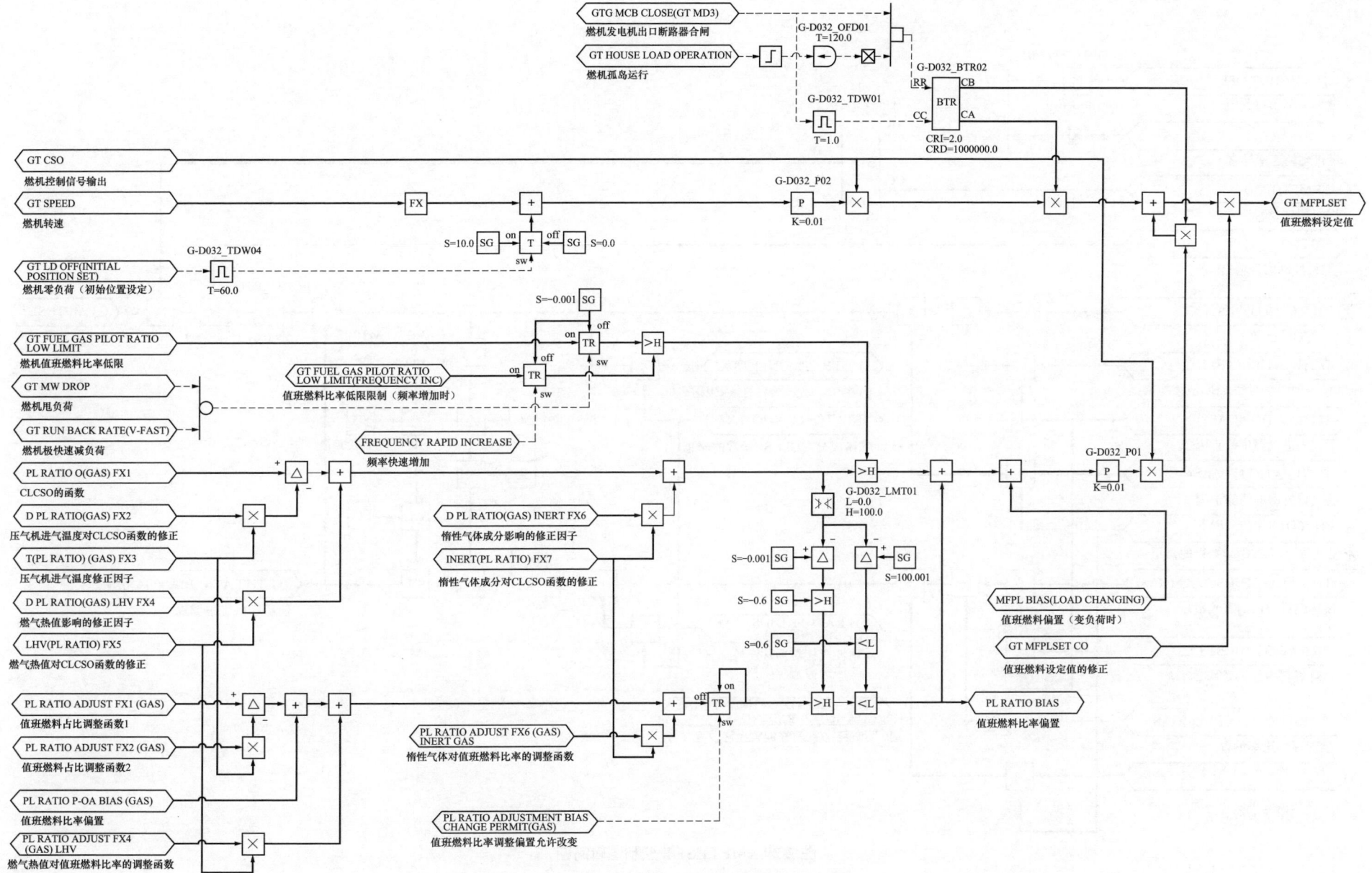

图 2-28　MFPLSET 控制逻辑简图

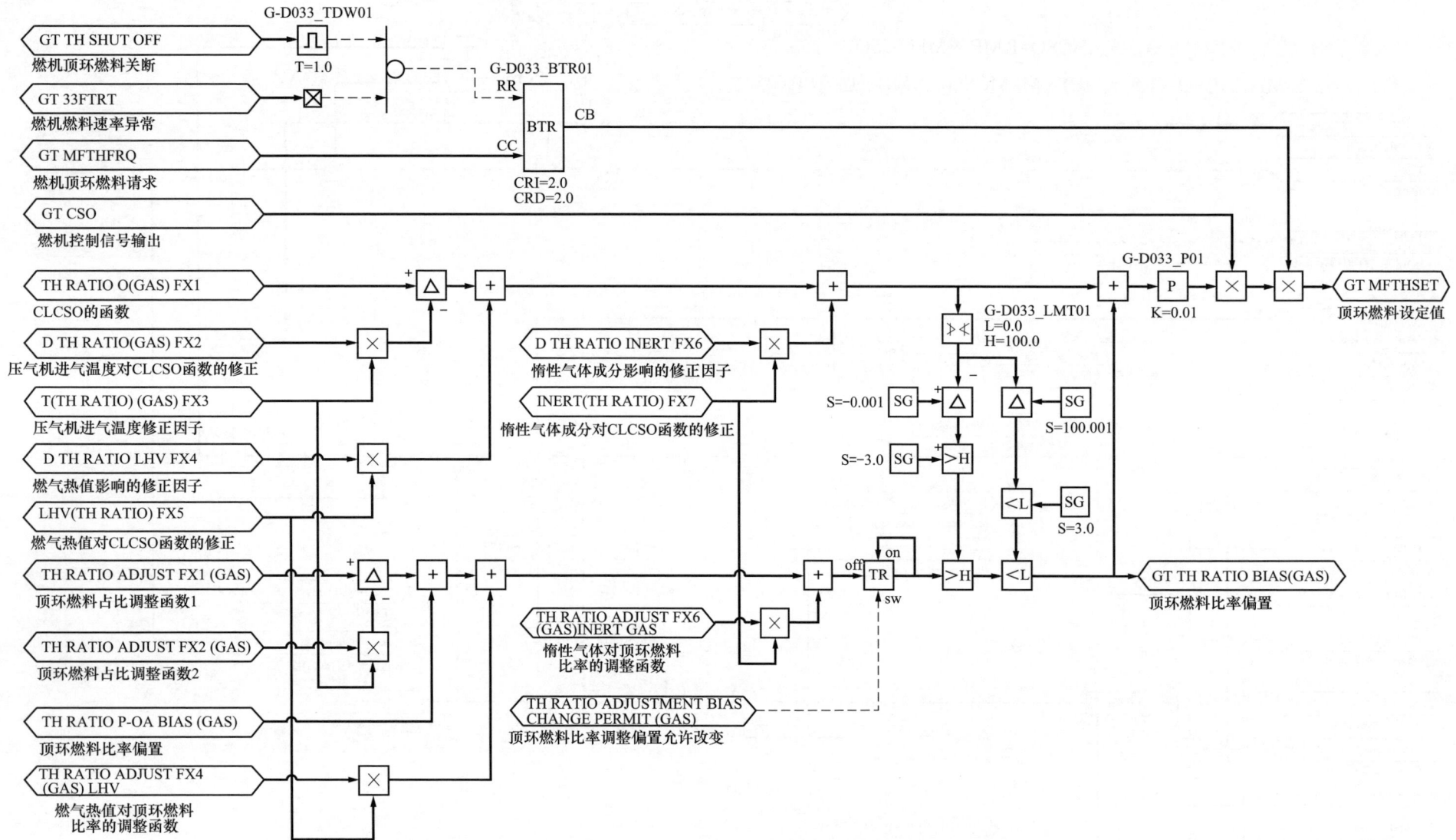

图 2-29 MFTHSET 控制逻辑简图

（3）主燃料指令 MFMCSO。

$$\text{MFMCSO=CSO-MFPLCSO-MFTHCSO} \tag{2-7}$$

分给主 B 管路的燃料指令 MFMBCSO=KMB×MFMCSO，分给主 A 管路的燃料指令 MFMACSO=(1.0-KMB)×MFMCSO，KMB 为常数 0.625。

5. 燃料控制阀流量的计算

经燃料分配后的指令（MFPLCSO、MFTHCSO、MFMBCSO、MFMACSO）还需经过一系列复杂运算后才能得到各燃料阀的流量控制信号（MFPLFCSO、MFTHFCSO、MFMBFCSO、MFMAFCSO），该信号作为最终的指令作用到阀门上。

（1）值班燃气流量的计算。值班燃气流量可参照图 2-30 所示进行计算。

分析逻辑图可知：

点火前，MFPLFCSO=-5；

点火后，按如式（2-8）如下：

$$\text{MFPLFCAL=FXPLCSO} \times \frac{3600 \times \text{COTgas} \times \sqrt{\text{FACTOR}_{\text{COM}}}}{0.765 \times \text{CALPLINP} \times \text{FACTOR}_{\text{PLEXP}} \times \text{PDR}_{\text{PL}}}$$

$$\times (\text{FACOMP}_{\text{PLRAP}} \times \text{FACOMP}_{\text{PLEXP}} \times \text{FACOMP}_{\text{PLINP}} \times \text{COB+COA}) \tag{2-8}$$

式中　　FXPLCSO —— PLCSO 的函数，FXPLCSO [=-21 ～ 21(-100% ～ 100%)]；

COTgas —— 燃气温度补偿；

CALPLINP —— 值班燃气流量控制阀入口压力计算值；

FACTOR$_{\text{COM}}$ —— 燃气压缩系数；

FACTOR$_{\text{PLEXP}}$ —— 值班燃气膨胀系数；

PDR$_{\text{PL}}$ —— 值班燃气压降比；

FACOMP$_{\text{PLRAP}}$ —— 值班燃气额定压降系数补偿；

FACOMP$_{\text{PLEXP}}$ —— 值班燃气膨胀系数补偿；

FACOMP$_{\text{PLINP}}$ —— 值班燃气流量控制阀入口压力补偿；

COB —— 压力补偿系数 B，点火成功且燃机转速小于 1500r/min 前为 0，大于 1500r/min 后为 1；

COA —— 压力补偿系数 A，点火成功且燃机转速小于 1500r/min 前为 1，大于 1500r/min 后为 0。

$$\text{MFPLFCSO=MAX(FXMFPLFCAL,5.0)}$$

FXMFPLFCAL 为 MFPLFCAL 的函数，其对应关系见表 2-8。

表 2-8　　　　　　　**MFPLFCAL 与 FXMFPLFCAL 的对应关系**

MFPLFCAL	-5.0	0.0	0.0914	0.231	0.487	1.0	5.13	11.7	19.1	25.6
FXMFPLFCAL	-5.0	0.0	5.0	10.0	15.0	20.0	40.0	60.0	80.0	100.0

（2）顶环燃气流量的计算。

顶环燃气流量可参照图 2-31 所示进行计算。

分析逻辑图可知：

点火前，MFTHFCSO=-5；

点火后，按式（2-9）计算：

$$\text{MFTHFCAL=FXTHCSO} \times \frac{3600 \times \text{COTgas} \times \sqrt{\text{FACTOR}_{\text{COM}}}}{0.765 \times \text{CALPLINP} \times \text{FACTOR}_{\text{THEXP}} \times \text{PDR}_{\text{TH}}}$$

$$\times (\text{FACOMP}_{\text{THRAP}} \times \text{FACOMP}_{\text{THEXP}} \times \text{FACOMP}_{\text{THINP}} \times \text{COB+COA}) \tag{2-9}$$

式中　　FXTHCSO —— THCSO 的函数，FXTHCSO[=-21 ～ 21(-100% ～ 100%)]；

COTgas —— 燃气温度补偿；

CALTHINP —— 顶环燃气流量控制阀入口压力计算值；

FACTOR$_{\text{COM}}$ —— 燃气压缩系数；

FACTOR$_{\text{THEXP}}$ —— 顶环燃气膨胀系数；

PDR$_{\text{TH}}$ —— 顶环燃气压降比；

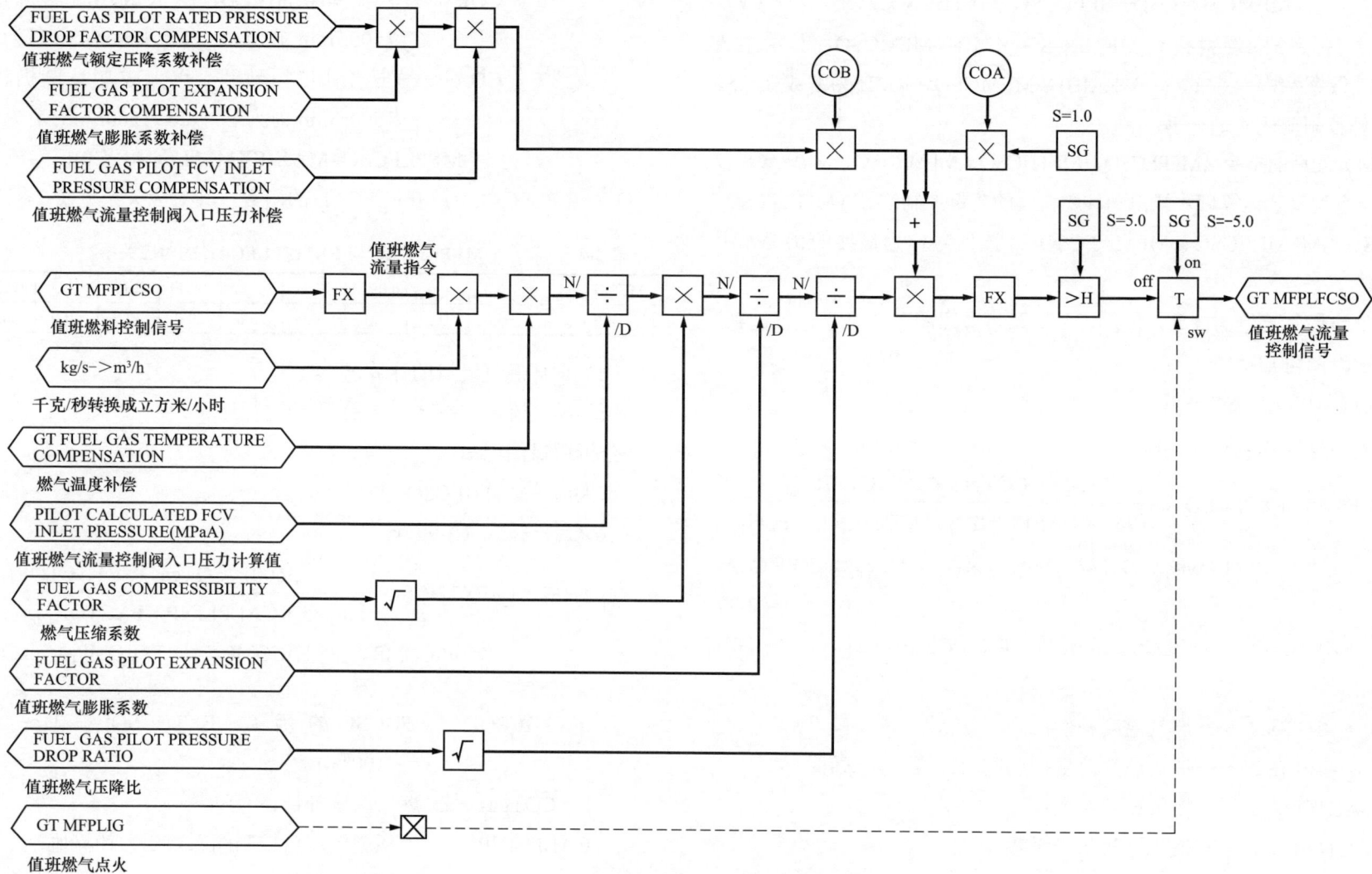

图 2-30 值班燃气流量控制阀指令逻辑图

FUEL GAS TOPHAT RATED PRESSURE DROP FACTOR COMPENSATION
顶环燃气额定压降系数补偿

FUEL GAS TOPHAT EXPANSION FACTOR COMPENSATION
顶环燃气膨胀系数补偿

FUEL GAS TOPHAT FCV INLET PRESSURE COMPENSATION
顶环燃气流量控制阀入口压力补偿

顶环燃气流量指令

COB　COA

S=1.0

+

S=4.0　SG　　SG　S=-5.0

GT MFTHCSO
顶环燃料控制信号

FX　×　×　N/÷　×　N/÷　N/÷　×　FX　>H　off　T　on　GT MFTHFFCSO

sw

顶环燃气流量控制信号

kg/s->m³/h
千克/秒转换成立方米/小时

/D　/D　/D

GT FUEL GAS TEMPERATURE COMPENSATION
燃气温度补偿

TOPHAT CALCULATED FCV INLET PRESSURE(MPaA)
顶环燃气流量控制阀入口压力计算值

FUEL GAS COMPRESSIBILITY FACTOR
燃气压缩系数

√

FUEL GAS TOPHAT EXPANSION FACTOR
顶环燃气膨胀系数

FUEL GAS TOPHAT PRESSURE DROP RATIO
顶环燃气压降比

√

GT MFTHFIG
顶环燃气点火

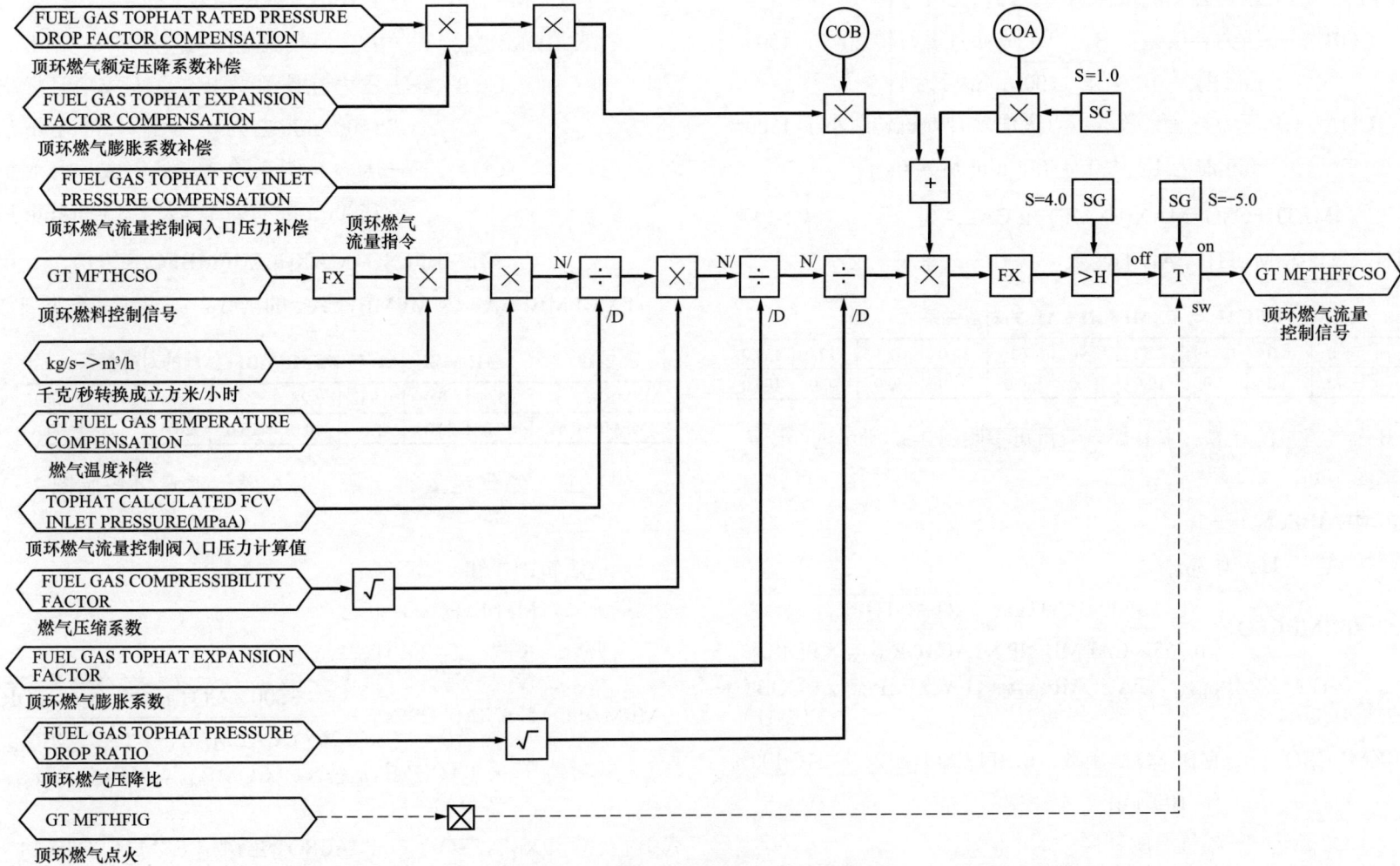

图 2-31　顶环燃气流量控制阀指令逻辑图

$FACOMP_{THRAP}$——顶环燃气额定压降系数补偿；

$FACOMP_{THEXP}$——顶环燃气膨胀系数补偿；

$FACOMP_{THINP}$——顶环燃气流量控制阀入口压力补偿；

COB——压力补偿系数 B，点火成功且燃机转速小于 1500r/min 前为 0，大于 1500r/min 后为 1；

COA——压力补偿系数 A，点火成功且燃机转速小于 1500r/min 前为 1，大于 1500r/min 后为 0。

$$MFTHFCSO=MAX(FXMFTHFCAL,4.0) \qquad (2-10)$$

FXMFTHFCAL 为 MFTHFCAL 的函数，其对应关系见表 2-9。

表 2-9　**MFTHFCAL 与 FXMFTHFCAL 的对应关系**

MFTHFCAL	−5.0	0.0	0.749	1.52	3.96	7.1	32.0	67.1	117.0	154.0
FXMFTHFCAL	−5.0	0.0	5.0	10.0	15.0	20.0	40.0	60.0	80.0	100.0

（3）主 B 燃气流量的计算。主 B 燃气流量可参照图 2-32 所示进行计算。

分析逻辑图可知：

点火前，MFMBFCSO=−5；

点火后，按式（2-11）计算：

$$MFMBFCAL=FXMBCSO \times \frac{3600 \times COTgas \times \sqrt{FACTOR_{COM}}}{0.765 \times CALMBINP \times FACTOR_{MBEXP} \times PDR_{MB}} \\ \times (FACOMP_{MBRAP} \times FACOMP_{MBEXP} \times FACOMP_{MBINP} \times COB + COA) \qquad (2-11)$$

式中　FXMBCSO——MBCSO 的函数，MBPLCSO [=−21～21（−100%～100%）]；

COTgas——燃气温度补偿；

CALMBINP——主 B 燃气流量控制阀入口压力计算值；

$FACTOR_{COM}$——燃气压缩系数；

$FACTOR_{MBEXP}$——主 B 燃气膨胀系数；

PDR_{MB}——主 B 燃气压降比；

$FACOMP_{MBRAP}$——主 B 燃气额定压降系数补偿；

$FACOMP_{MBEXP}$——主 B 燃气膨胀系数补偿；

$FACOMP_{MBINP}$——主 B 燃气流量控制阀入口压力补偿；

COB——压力补偿系数 B，点火成功且燃机转速小于 1500r/min 前为 0，大于 1500r/min 后为 1；

COA——压力补偿系数 A，点火成功且燃机转速小于 1500r/min 前为 1，大于 1500r/min 后为 0。

$$MFMBFCSO=MAX(FXMFMBFCAL,0.0) \qquad (2-12)$$

FXMFMBFCAL 为 MFMBFCAL 的函数，其对应关系见表 2-10。

表 2-10　**MFMBFCAL 与 FXMFMBFCAL 的对应关系**

MFMBFCAL	−5.0	0.0	0.942	2.28	5.12	8.98	47.9	106.0	179.0	239.0
FXMFMBFCAL	−5.0	0.0	5.0	10.0	15.0	20.0	40.0	60.0	80.0	100.0

（4）主 A 燃气流量的计算。主 A 燃气流量可参照图 2-33 所示进行计算。

分析逻辑图可知：

点火前，MFMAFCSO=−5；

点火后，按式（2-13）计算：

$$MFMAFCAL=FXMACSO \times \frac{3600 \times COTgas \times \sqrt{FACTOR_{COM}}}{0.765 \times CALMAINP \times FACTOR_{MAEXP} \times PDR_{MA}} \\ \times (FACOMP_{MARAP} \times FACOMP_{MAEXP} \times FACOMP_{MAINP} \times COB + COA) \qquad (2-13)$$

式中　FXMACSO——MACSO 的函数，FXMACSO [=−21～21（−100%～100%）]；

COTgas——燃气温度补偿；

CALMAINP——主 A 燃气流量控制阀入口压力计算值；

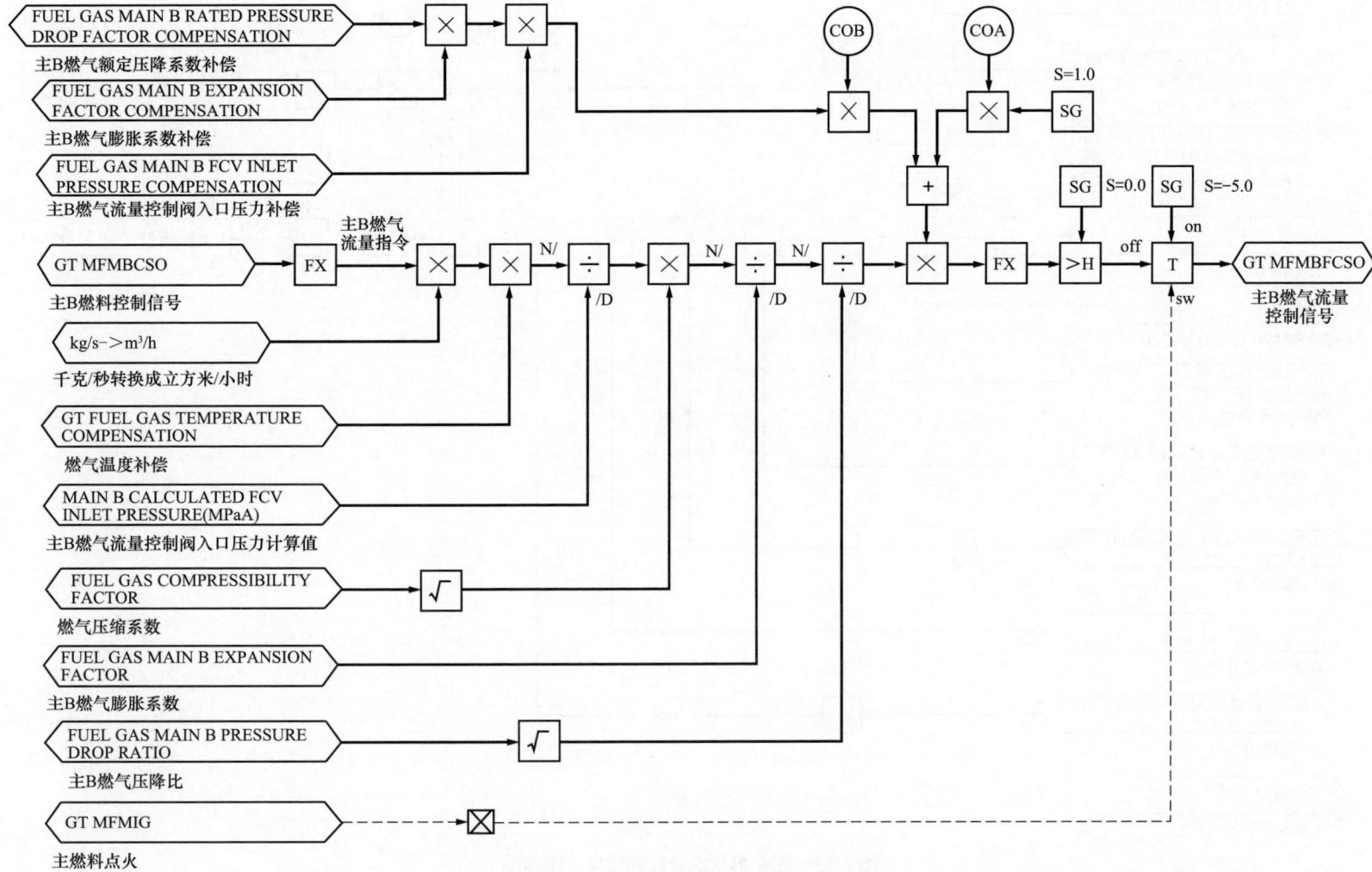

图 2-32　主 B 燃气流量控制阀指令逻辑图

FUEL GAS MAIN A RATED PRESSURE DROP FACTOR COMPENSATION
主A燃气额定压降系数补偿

FUEL GAS MAIN A EXPANSION FACTOR COMPENSATION
主A燃气膨胀系数补偿

FUEL GAS MAIN A FCV INLET PRESSURE COMPENSATION
主A燃气流量控制阀入口压力补偿

主A燃气流量指令

COB   COA   S=1.0   SG

×   ×   ×   +   SG   SG
S=0.0   S=-5.0

GT MFMACSO
主A燃料控制信号

FX   ×   ×   N/÷   ×   N/÷   N/÷   ×   FX   >H   T   GT MFMAFCSO
/D   /D   /D   off   on   sw
主A燃气流量控制信号

kg/s->m³/h
千克/秒转换成立方米/小时

GT FUEL GAS TEMPERATURE COMPENSATION
燃气温度补偿

MAIN A CALCULATED FCV INLET PRESSURE(MPaA)
主A燃气流量控制阀入口压力计算值

FUEL GAS COMPRESSIBILITY FACTOR
燃气压缩系数
√

FUEL GAS MAIN A EXPANSION FACTOR
主A燃气膨胀系数

FUEL GAS MAIN A PRESSURE DROP RATIO
主A燃气压降比
√

GT MFMAIG
主A燃气点火

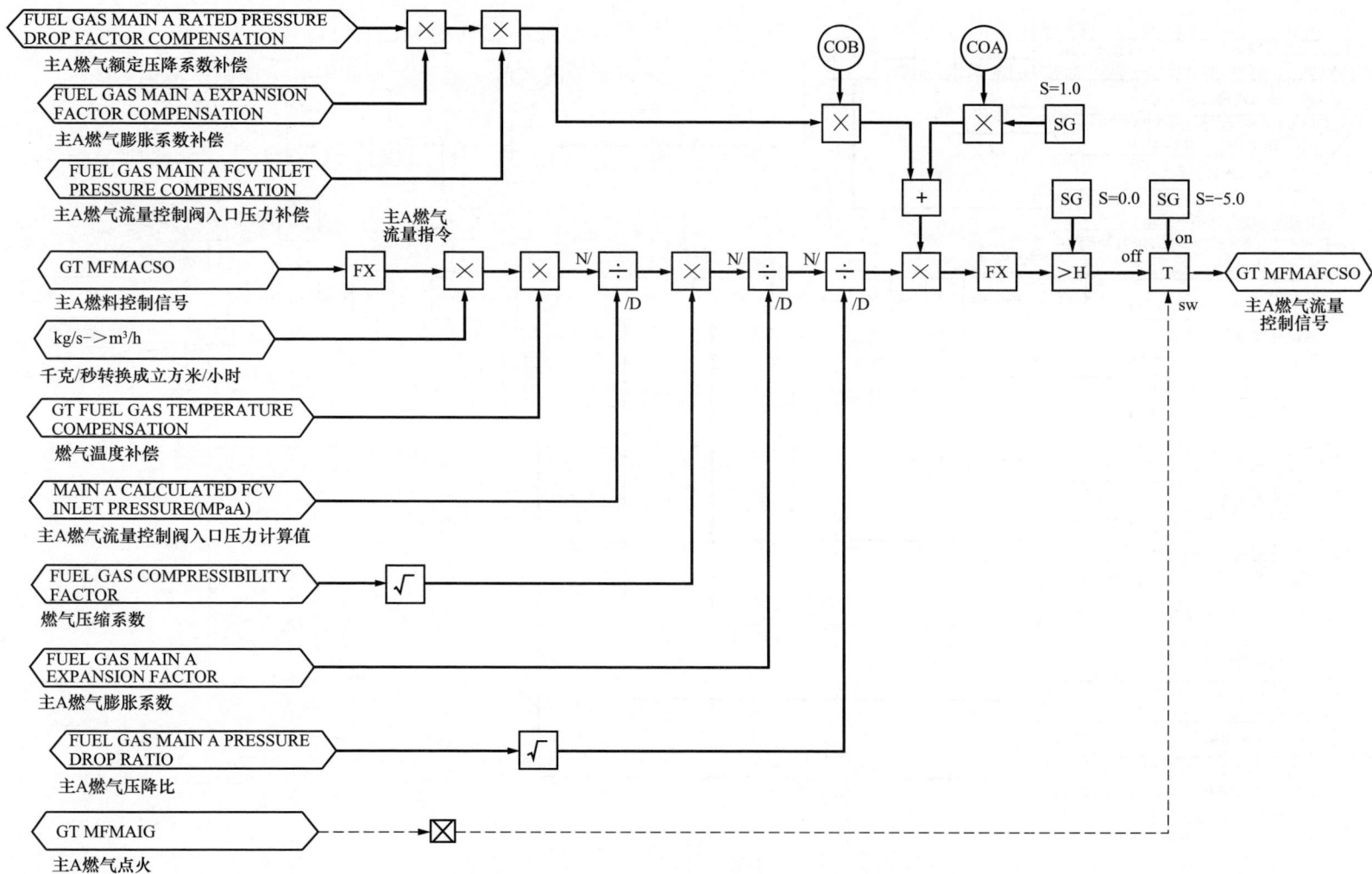

图 2-33　主 A 燃气流量控制阀指令逻辑图

$\text{FACTOR}_{\text{COM}}$ ——燃气压缩系数；

$\text{FACTOR}_{\text{MAEXP}}$ ——主 A 燃气膨胀系数；

PDR_{MA} ——主 A 燃气压降比；

$\text{FACOMP}_{\text{MBRAP}}$ ——主 A 燃气额定压降系数补偿；

$\text{FACOMP}_{\text{MAEXP}}$ ——主 A 燃气膨胀系数补偿；

$\text{FACOMP}_{\text{MAINP}}$ ——主 A 燃气流量控制阀入口压力补偿；

COB ——压力补偿系数 B，点火成功且燃机转速小于 1500r/min 前为 0，大于 1500r/min 后为 1；

COA ——压力补偿系数 A，点火成功且燃机转速小于 1500r/min 前为 1，大于 1500r/min 后为 0。

$$\text{MFMAFCSO}=\text{MAX(FXMFMAFCAL,0.0)} \qquad (2\text{-}14)$$

FXMFMAFCAL 为 MFMAFCAL 的函数，其对应关系见表 2-11。

表 2-11　MFMAFCAL 与 FXMFMAFCAL 的对应关系

MFMAFCAL	−5.0	0.0	0.641	1.44	3.92	6.97	31.9	66.3	113.0	157.0
FXMFMAFCAL	−5.0	0.0	5.0	10.0	15.0	20.0	40.0	60.0	80.0	100.0

6. 运行中燃气流量的分配

燃机点火（MFMIG）之前，CSO 受燃料限制信号 FLCSO 控制，被钳制在 −5%，此时主 / 值班燃气压力和流量控制阀都是在关闭位置，以确保燃气点火前不会进入燃烧器。点火、升转速至暖机转速阶段，在天然气小流量时，主燃料压力控制阀 A 处于全关状态，由主燃料压力控制阀 B 调节主燃料流量控制阀差压。随着暖机结束，进入加速阶段，天然气流量增大，主燃料压力控制阀 B 开度大于 32% 后，主燃料压力控制阀 A 才慢慢开启，等主燃料压力控制阀 B 开至 40%（最大开度）后，主燃料压力控制阀 B 就稳定在 40% 的开度，由主燃料压力控制阀 A 来调节主燃料流量控制阀差压，直至停机熄火。这样 2 个压力调节阀配合可以保证燃料从小流

量到大流量的调节精度。

在正常带负荷阶段，值班燃料的 MFPLCSO 随着负荷升高逐步下降，与此同时顶环燃气的 MFTHCSO 则逐步上升，MFMCSO 则是 CSO 减去上述两项的差值，至于主 A 和主 B 之间则是根据固定的比例 0.625 进行分配的。

不同工况下各燃料分配指令趋势如图 2-34 所示。

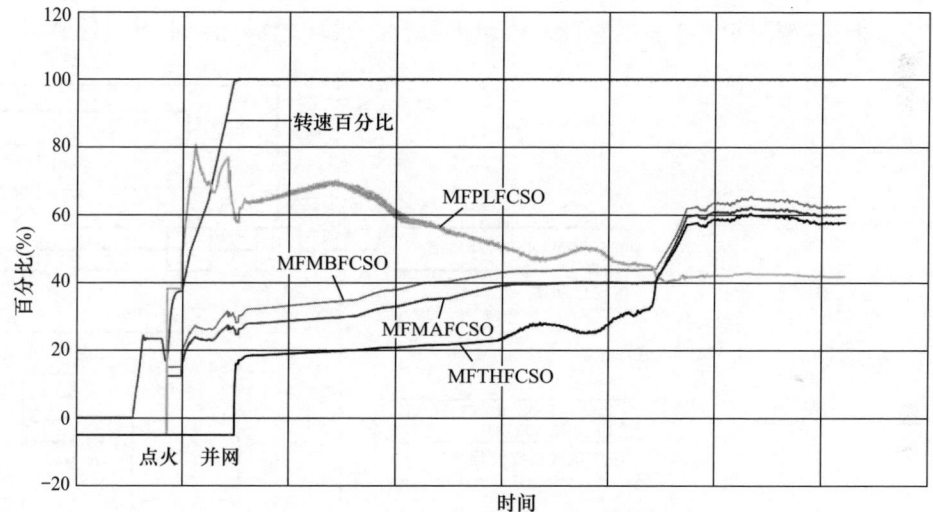

图 2-34　不同工况下各燃料量分配指令

2.9　燃烧负荷输出信号（CLCSO）

在 IGV 开度一定的情况下，燃机的输出功率和燃烧的稳定性均与透平入口温度（turbine inlet temperature，TIT）相关性极大，所以燃机的控制均是想以 TIT 为控制对象，并根据其即时状态作为反馈以控制和调节其他参数。但 TIT 非常高，F 级机组的 TIT 最高可到 1500℃，目前尚无能够长期

稳定测量该温度的测量元件，不能直接获得该温度，为此需要利用其他参数通过各种运算找到一个参数来类比该温度，由此引入了燃烧负荷控制信号输出（combustion load control signal output，CLCSO）的概念。

根据发电机输出、IGV 开度、进气温度、进气流量、放气流量比、大气压比等参数来计算 CLCSO。其物理意义是将透平入口温度变成无量纲化的值，该值与 TIT 成正比，通过 CLCSO 来控制各路燃料比率和旁路阀开度，达到控制燃机的输出功率和燃烧的稳定性的目的。

根据燃机的燃烧基本原理，值班燃料比、顶环燃料比、主燃料比和旁路阀开度都是透平入口温度的函数，因此将 TIT 无量纲化为 CLCSO 之后，可根据 CLCSO 来计算顶环燃料比、值班燃料比和旁路阀开度比。

但是需要特别明确的是 CLCSO 是采用燃机的输出功率来折算 TIT 的，而输出功率又和大气温度、压力、防喘放气阀开度、旁路阀开度等息息相关。所以，在确定了 IGV 开度、进气温度和燃机的防喘放气比的情况下，就确定了 TIT 在 600℃和 1500℃时的燃机输出功率，据此可以得到无量纲量 CLCSO。MFCLCSO（即 CLCSO）控制逻辑简图如图 2-35 所示。

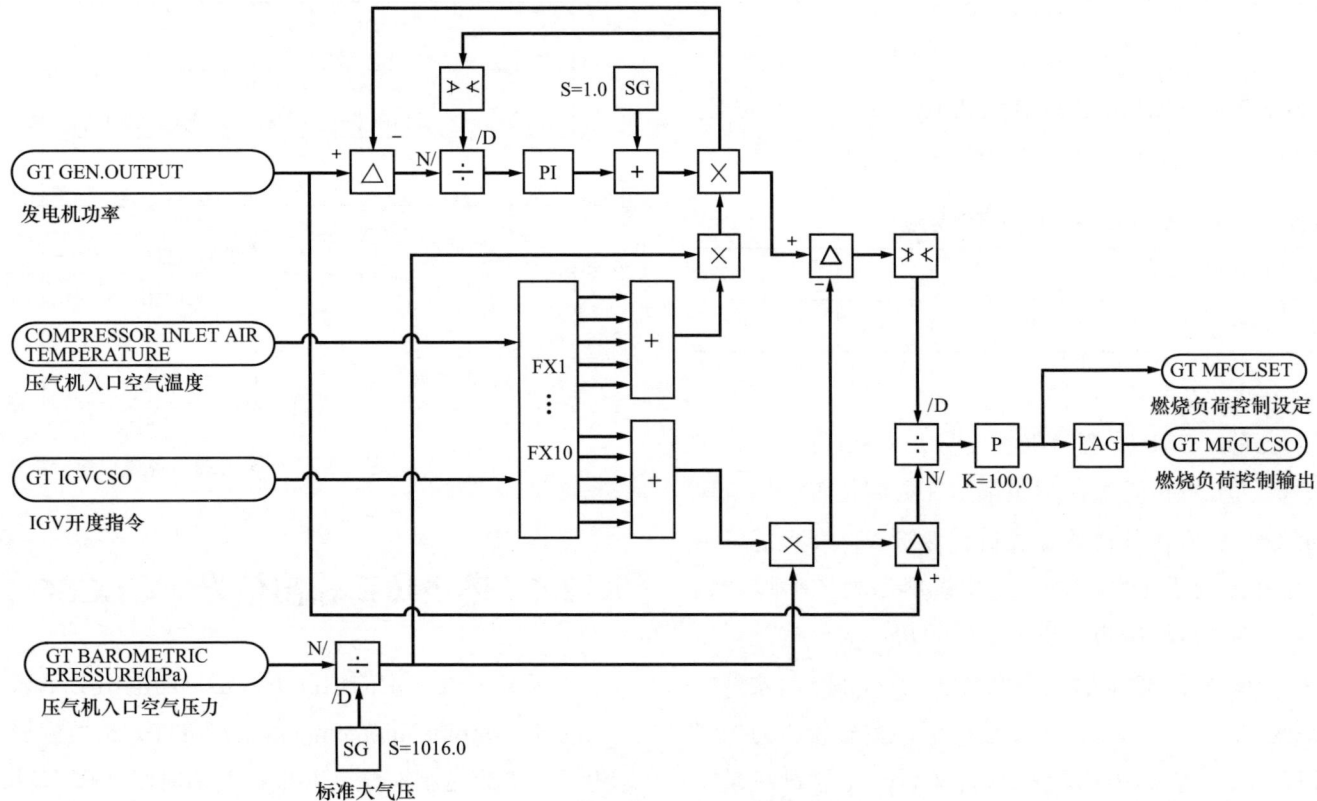

图 2-35　MFCLCSO 控制逻辑简图

1. 燃烧负荷输出信号 CLCSO 的计算

由图 2-35 可知燃烧器功率函数 CLCSO 的计算公式为

$$CLCSO(\%)=\frac{ActualGTload-GTload@600deg.C}{GTload@100\%load-GTload@600deg.C}\times100 \quad (2\text{-}15)$$

式中　　ActualGTload——燃机运行中的实际负荷；

　　　GTload@600deg.C——燃机在透平入口温度为 600℃时的负荷；

　　　GTload@100%load——燃机满负荷值。

根据式（2-15）可知 CLCSO 反应的其实是透平入口温度（TIT），其对应关系可以用式（2-16）表示。

$$TIT=f(CLCSO) \quad (2\text{-}16)$$

式（2-15）中的 GTload@600deg.C 和 GTload@100%load 的值由 Tamb（环境温度）和 IGV 共同决定，见表 2-12 和表 2-13。

所以，式（2-16）可以转换为

$$TIT=f(Tamb,IGV,ActualGTLoad) \quad (2\text{-}17)$$

表 2-12　　　　　　　　　　GTload@600deg.C

燃机功率（MW）		IGV 角度（°）				
		−8	0	4	19	39
环境温度（℃）	−40.0	47.4	46.5	40.3	23.0	7.1
	−15.0	25.6	25.6	22.2	13.6	1.7
	−4.0	9.0	9.7	8.6	6.5	−2.4
	15.0	0.5	2.0	2.1	1.9	−5.4
	16.1	−0.3	1.3	1.5	1.4	−5.8
	28.5	−7.8	−6.1	−5.3	−4.3	−9.7
	39.0	−12.1	−11	−10.1	−8.6	−12.7
	60.0	−20.7	−20.8	−19.8	−17.3	−18.4

表 2-13　　　　　　　　　　GTLoad@100%Load

燃机功率（MW）		IGV 角度（°）				
		−8	0	4	19	39
环境温度（℃）	−40.0	454.7	432.6	413.7	352.5	241.0
	−15.0	402.1	385.4	372.2	321.2	220.7
	−4.0	362.2	349.5	340.6	297.4	205.2
	15.0	341	329.7	322.2	283.3	196.1
	16.1	338.9	327.8	320.4	282.0	195.2
	28.5	316.3	306.4	300.2	265.7	185.3
	39.0	296.5	288.7	283.7	252.3	177.8
	60.0	257.1	253.2	250.9	225.6	162.9

2. CLCSO 变化对机组的影响

（1）对燃烧的影响。燃烧调整的目的有两个：降低 NO_x 排放，减小燃烧压力波动。这两个目标是一对矛盾体，因为扩散燃烧的效果的燃烧稳定，燃烧压力波动小，但是 NO_x 排放高；预混燃烧的效果是 NO_x 排放低，但是火焰不稳定，带来强烈的燃烧压力波动的。所以，燃烧调整就是在这对矛盾中寻找一个平衡点，既要满足环保要求的 NO_x 排量，又要满足燃机的安全运行，即动态调节扩散燃烧和预混燃烧的比例及参与燃烧的空气量与燃料量的比例。

通过第 2.8 节分析可知值班燃料、顶环燃料均与 CLCSO 有关，CLCSO 决定了各燃料的比率，而 CLCSO 所表示的 TIT 能更早更准确地表征了燃烧器内部的燃烧情况，所以通过这个参考量来控制燃料流量阀的开度能更快更准确地对燃烧进行调整。

（2）对旁路的影响。CLCSO 可以控制旁路阀开度，从而控制旁路阀的压缩空气流量，维持适当的空燃比。

（3）对燃气温度的影响。在低负荷时，CLCSO 通过控制燃气温度的设定值来改变温控阀开度，从而保证燃气适当的进气温度。

2.10 燃气压力控制（MFPCSO）

第 2.8 节提到燃气压力控制阀和燃气流量控制阀是串联使用的，压力阀在前，流量阀在后，所以燃气压力的稳定对控制燃气流量具有决定性的作用，只有压力控制阀后的压力是固定的，才能通过控制燃气流量调节阀的开度来精确控制燃气流量。燃气压力控制策略如图 2-36 所示。

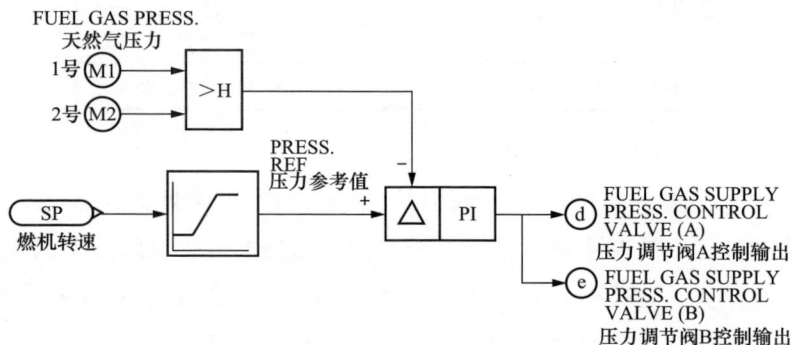

图 2-36　燃气压力控制策略图

不同工况下，压力控制阀后维持的压力也不一样，其压力值主要由参考值 MFPREF 决定。点火前 MFPREF 维持在定值 1.5MPa，点火成功到转速 1600r/min 之前，依然保持 1.5MPa 不变，当燃机转速在 1600 ～ 2400r/min 之间时，MFPREF 是根据燃机转速折算出来的线性值，当转速超过 2400r/min 之后，MFPREF 为固定值 3.9MPa，直至并网到带负荷的整个过程。燃气压力控制配备两个压力调节阀。其控制逻辑简图如图 2-37 所示。

1. MFPREF 指令的计算

（1）点火前：

$$MFPREF=1.5$$

（2）点火后升速阶段：

$$MFPREF=FXS$$

式中　FXS——燃机转速的函数，其与转速的对应关系见表 2-14。

表 2-14　燃机转速 GT Speed 与压力 FXS 设定值的对应关系

GT Speed(r/min)	0.0	1600	2400	3000	3750
FXS(MPa)	1.5	1.5	3.9	3.9	3.9

（3）并网后带负荷阶段：

$$MFPREF=3.9$$

计算出 MFPREF 的值后，再与压力控制阀出口实际压力 MFPACT 做差，得到压力偏差后送入到 PIQ 中进行计算，即可得压力调节阀公用 PI 值（MFPCSO），其计算公式为

$$MFPCSO=K \cdot x+\frac{1}{T}\int x\mathrm{d}t \qquad (2-18)$$

$$x=(MFPREF-MFPACT) \cdot \frac{OS}{IS} \qquad (2-19)$$

式中　K、T、OS、IS——均为 PI 调节经验值常数，这里 K=0.88，T=4.55，OS=100.0，IS=5.5。

压力调节阀公用 PI 值与压力阀 A、B 指令的对应关系见表 2-15 和表 2-16。

表 2-15　MFPCSO 与 MFPACSO 压力设定值的对应关系

MFPCSO (%)	−5.0	17.0	21.0	25.0	100.0
MFPACSO (%)	−5.0	−5.0	0.0	5.0	100.0

表 2-16　MFPCSO 与 MFPBCSO 压力设定值的对应关系

MFPCSO (%)	−5.0	0.0	25.0	100.0
MFPBCSO (%)	−5.0	0.0	40.0	40.0

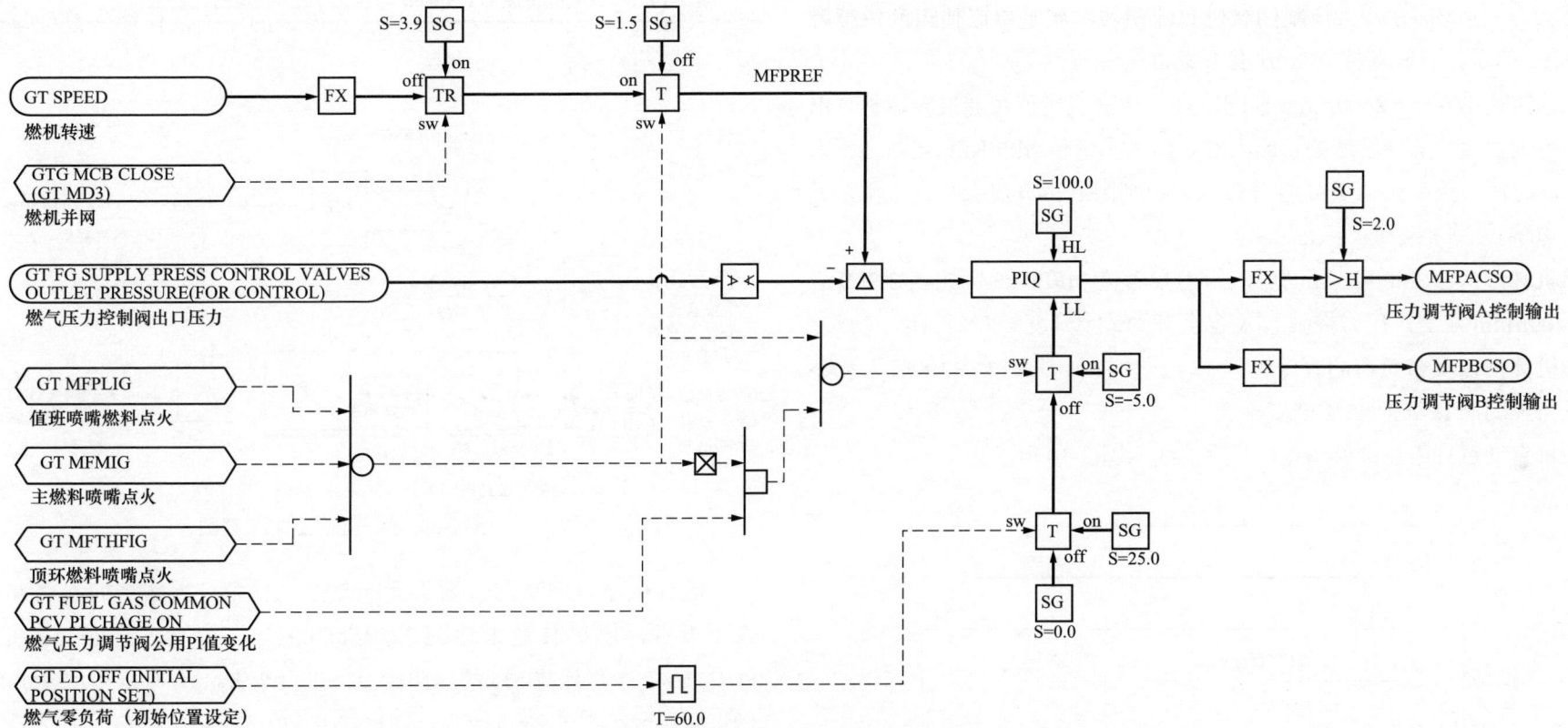

图 2-37 天然气压力控制逻辑简图

2. 燃机运行中 MFPACSO、MFPBCSO 的变化

SFC 启动瞬间,压力控制阀 B 开度会突增,随后马上关到 0%,一直到点火前压力调节阀 A、B 均为关闭状态。

点火时,压力控制阀 B 会开到 15% 左右,此时压力控制阀 A 仍然处于关闭状态,从燃机点火到转速 1600r/min 期间,靠压力控制阀 B 维持燃气 1.5MPa 的压力,其保持 15% 开度不变。

燃机转速 1600 ~ 2400r/min 期间,燃气压力设定值是通过转速折算出来的一个线性值,随着转速的不断上涨,压力参考值 MFPREF 也随之不断增大,此时压力控制阀 A 开始打开,压力控制阀 B 的开度会快速上涨至最大开度 40%。

燃机转速大于 2400r/min 以后,压力参考值 MFPREF 为定值 3.9MPa,故在 2400r/min 左右,压力控制阀 A 也会开到最大开度 100%。

燃机并网以及带负荷的整个过程中,压力控制阀 A 维持 100% 开度不变,压力控制阀 B 维持 40% 开度不变。

燃机启动过程中压控阀 A、B 开度曲线如图 2-38 所示。

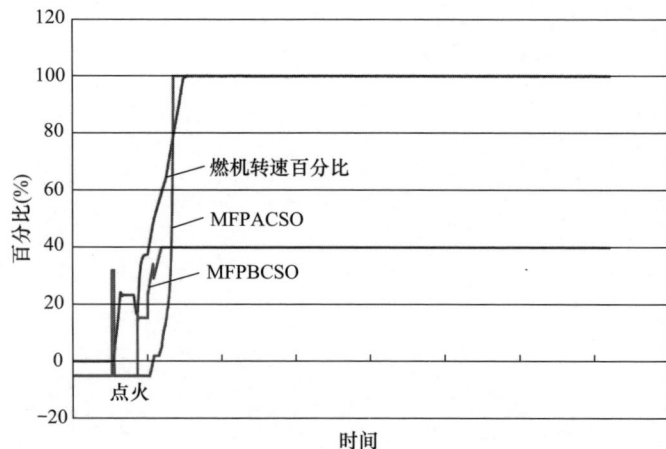

图 2-38　燃机启动过程中压控阀 A、B 开度曲线图

2.11　燃气温度控制（FGHTCSO）

燃气温度控制系统利用热交换器对透平冷却空气冷却器散发出来的热空气进行燃气的加热,通过控制流过燃气温度三通调整阀的开度,改变流过热交换器与不流过热交换器的燃气流量的比值,使燃气温度等于目标值。其控制策略如图 2-39 所示。

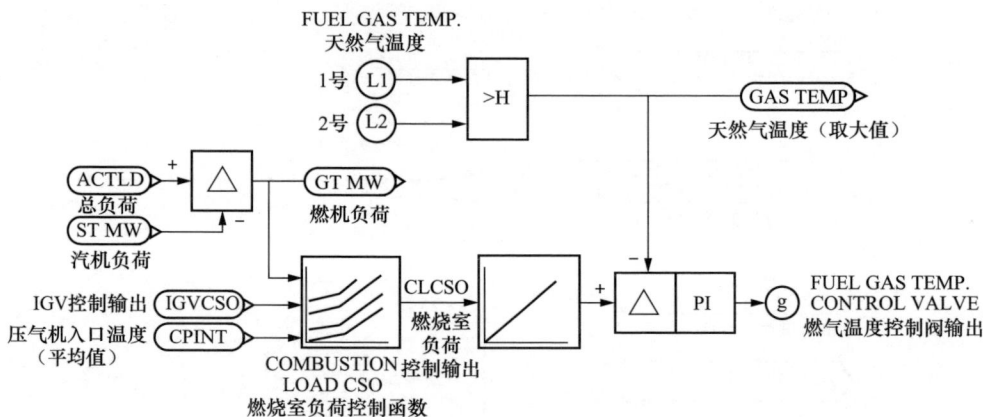

图 2-39　燃气温度控制策略图

燃机从冷态启动到带满负荷的整个过程中,天然气的温度并不是一直不变的,燃机转速未达到 2250r/min 之前,旁路三通阀控制信号 GT FGHTCSO 一直保持 5% 的阀门指令,接近全关,此时燃气大部分走旁路,燃机转速大于 2250r/min 后则是根据 MFCLCSO（CLCSO 计算方法详见第 2.9 节）折算出一个天然气温度设定值,根据折线坐标可知,MFCLCSO 开度未达到 20% 之前,天然气温度设定值一直为 100℃,但此时燃气实际温度并未达到 100℃,所以三通阀会全开,燃气全部流经加热器去加热,MFCLCSO 开度在 20% ~ 55% 之间时,温度设定值与 MFCLCSO 开度呈线性关系,MFCLCSO 开度大于 55% 后燃气温度设定值为定值 210℃,正

常运行中的燃气温度也保持在 210℃。所以燃气温度的调节原理是根据 MFCLCSO 拟合出一个温度设定值，该设定值与天然气温度实际值的偏差送给 PI 调节器，从而控制温度调节阀开度（FGHTCSO）的大小，达到控制天然气温度的目的，其逻辑简图如图 2-40 所示。

（1）燃气温度控制阀中间位置：

$$FGHTCSO=50$$

（2）燃气加热器未投入。当有温度控制阀强关信号存在时，燃气全走旁路，此时 FGHTCSO=-5，无强关信号在时 FGHTCSO=5。

（3）燃气加热器已投入。燃气加热器投入后，FGHTCSO 是根据 PIQ 调节得来，其计算公式为

$$FCHTCSO=K \cdot x + \frac{1}{T}\int x\mathrm{d}t \tag{2-20}$$

$$x=(FXCLCSO-T_{gas}) \cdot \frac{OS}{IS} \tag{2-21}$$

式中　　K、T、OS、IS ——均为 PI 调节经验值常数，这里 K=1.0，T=25.0，OS=100.0，IS=400.0；

　　　　FXCLCSO —— CLCSO 的函数，其对应关系见表 2-17；

　　　　T_{gas} ——燃气压力控制阀出口温度。

表 2-17　　　　　FXCLCSO 与 CLCSO 的对应关系

FXCLCSO	100	100	100	200	200	200	200
CLCSO	-20	0.0	20	55	74	95	120

燃机启动过程中 FGHTCSO 以及燃气压力控制阀出口温度曲线如图 2-41 所示。

2.12　燃气加热控制（FGH）

为了获得较高的热效率，燃机都会安装燃气加热器（fuel gas heater）。目前燃气—蒸汽联合电厂中燃机前置模块的燃气加热系统有如下几种：

（1）用燃机压气机出口的一部分高温高压排气通过大气中的空气作为中间介质去加热燃机的进口燃气。即燃机压气机的一部分排气先加热大气中的空气，然后被加热的空气再去加热燃机的进口燃气，空气来自大气又排入大气。这种燃气加热系统属于开放式系统。

（2）用联合循环中余锅的中压省煤器出口一部分给水去加热燃机的进口燃气，在联合循环机组启动阶段，回水回到凝汽器，机组带一定负荷后，回水切换到余锅的低压省煤器进口，这种系统有一路回水与凝汽器相连，并设置当回水温度较高时开启。

（3）用闭式水系统中的废热去加热天然气，虽然可以在不消耗新的能量下将天然气加热，但是不能确保有足够的废热对天然气进行加热以及不能保证天然气可被准确加热到需要的温度。

（4）采用电加热方式。

华电江东燃机电厂 2 号燃机 FGH 水侧系统采用的是第 2 种方式，本文将着重介绍。

燃气通过 FGH 性能加热器，利用锅炉中压省煤器出口的给水加热燃气，提高燃气温度，在额定工况下，天然气被加热到 210℃ 左右。FGH 水侧采用中压省煤器出口的给水作为热源，经过 FGH 后流向凝汽器（线路 1）或余锅低压省煤器（线路 2）。线路 1 用于启动过程或低负荷运行时，线路 2 用于高负荷运行时，线路 1 和线路 2 通过 FGH 回凝汽器调节阀和锅炉侧 FGH 流量控制阀进行控制，FGH 气侧采用一个三通阀（燃气温控阀）来确保燃气温度控制在正常值，FGH 气侧和水侧系统图如图 2-42 所示。

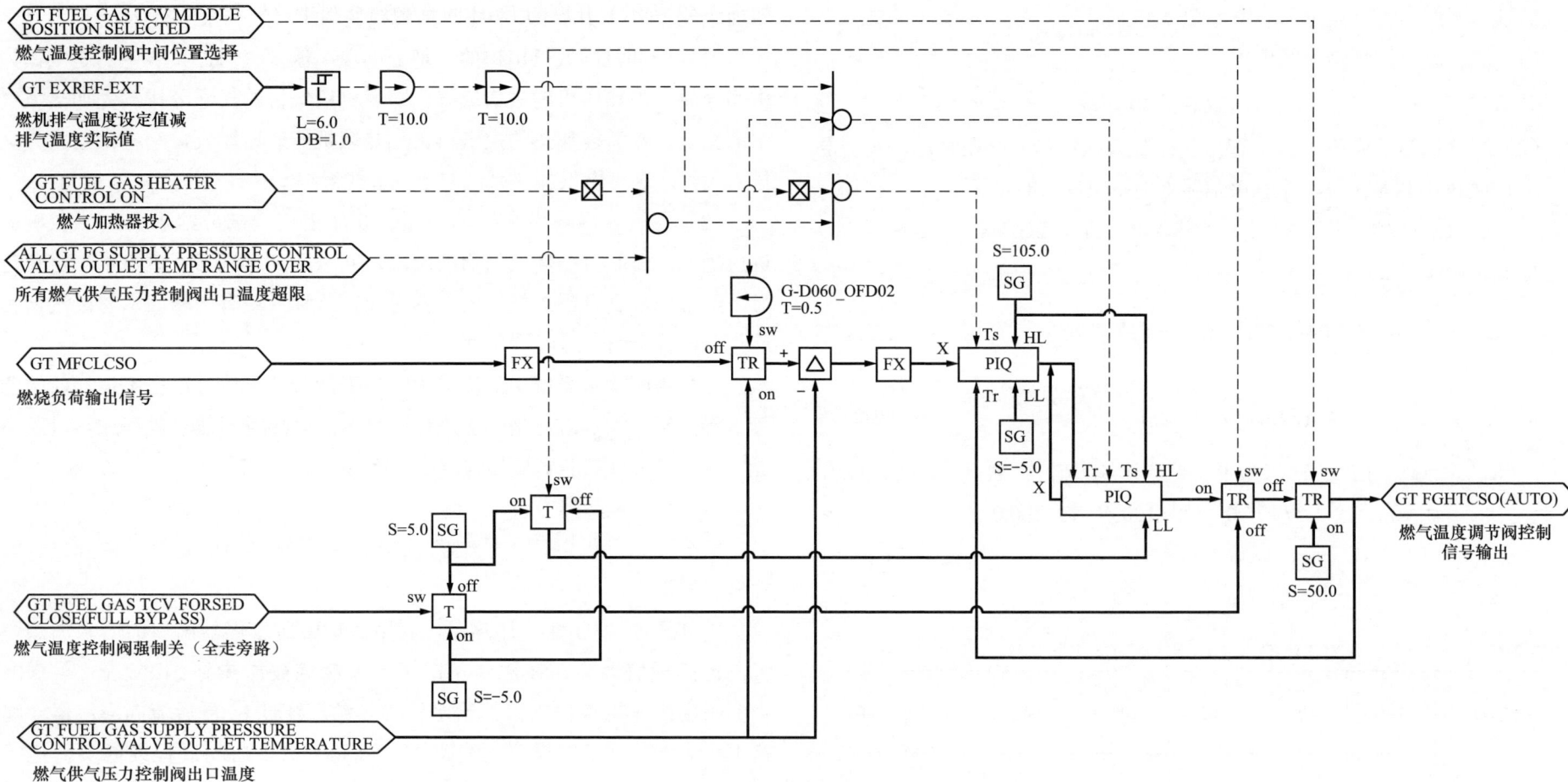

图 2-40 旁路三通阀控制信号逻辑简图

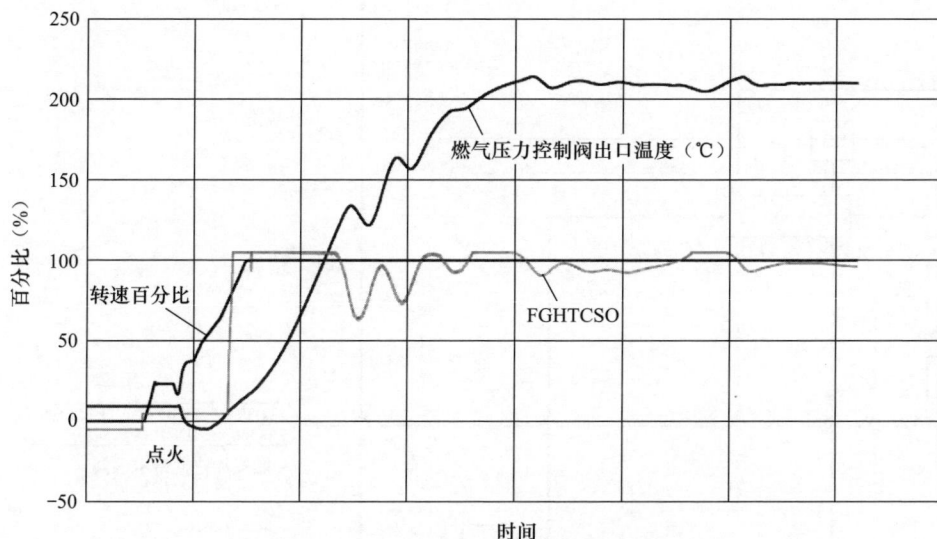

图 2-41　FGHTCSO 以及燃气温度曲线图

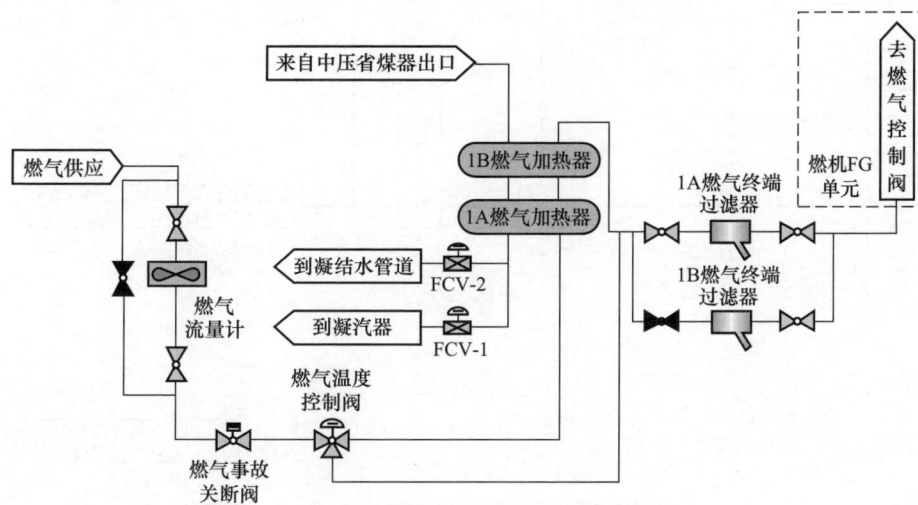

图 2-42　FGH 气侧和水侧系统图

1. FGH 冷却水回水控制方式

FGH 回水流量设定是燃机出力函数。当燃机启动以后，用于加热的水流量通过 FGH 回凝汽器调节阀控制，FGH 回凝汽器调节阀（控制逻辑如图 2-43 所示）开度与 FGH 回余锅调节阀［控制逻辑如图 2-44 所示（见文后插页）］的控制方式保持一致，直至达到预设的燃机负荷，其阀门开启速率为 100%。实际测得的 FGH 流量经 FGH 入口水温修正后，若小于 0.7×FGH 炉侧回水流量设定，则 TCS 控制系统发出 FGH 入口水量低的报警。

2. FGH 冷却水回水管路切换

燃机启动初期以及带低负荷运行时，FGH 回水全部去凝汽器；当燃机负荷大于 125MW 且燃气加热器出口给水温度小于 140℃时，FGH 回水会从凝汽器切换到余锅的低压省煤器；燃机正常运行时，当下列任一条件触发时，FGH 回水又会从炉侧切回到凝侧：

（1）燃机负荷小于或等于 125MW。

（2）高／中压锅炉给水泵全停。

（3）燃气加热器疏水液位高跳闸。

（4）燃气加热器出口给水温度大于或等于 140℃。

（5）RUN BACK 模式触发。

（6）燃机孤岛运行。

回水管路切换方式的核心是通过 ANALOGUE TRANSFER SWITCH 模块实现的，当切换信号为 ON 时，选择常数 1，该常数再送给一个 HIGH-LOW MONITOR WITH HYSTERESIS 模块去判断，大于 0.99 时发从炉侧切换到凝侧的信号 [FGH FEED WATER FLOW EXCHANGE (FROM HRSG TO COND)]，此时会把去炉侧的回水比 [FGH FEED WATER FLOW CONT RATIO (HRSG)] 设为 0，把去凝侧的回水比 [FGH FEED WATER FLOW CONT RATIO (COND)] 设为 1，同理当切换信号为 OFF 时，选择常数 0，

GT FGH FEED WATER FCV
(COND. SIDE) MV
燃气加热器给水流量调阀（凝侧）开度

GT FGH FEED WATER FLOW
(CORRECTION)
燃气加热器给水流量（修正后）

FGH FEED WATER FLOW
EXCHANGE(FROM COND TO HRSG)
燃气加热器给水流量切换
（从凝侧到炉侧）

GT FGH FEED WATER FLOW CV
(HRSG SIDE) SV
燃气加热器给水流量调阀
（炉侧）设定值

FGH FEED WATER FLOW
EXCHANGE(FROM HRSG TO COND)
燃气加热器给水流量切换
（从炉侧到凝侧）

FGH FAST CHANGE OVER
燃气加热器快速转换

FGH FEED WATER FLOW CONT
RATIO(HRSG) < 0.01
燃气加热器给水流量控制比（炉侧）<0.01

FGH FEED WATER FLOW CONT
RATIO(COND)
燃气加热器给水流量控制比（凝侧）

GT FGH FEED WATER FCV
(COND. SIDE) AUTO
燃气加热器给水调阀（凝侧）自动

FGH FEED WATER FLOW CONT
RATIO(HRSG) > 0.99
燃气加热器给水流量控制比（炉侧）>0.99

GT FGH FEED WATER FCV
STAND BY
燃气加热器给水流量调阀备用

M-D363_TDW02

S=100.0

SG

PIQ

HL   Tr

LL   Ts

TR

S=0.0

TR

SG   S=12.0

SG   S=36.8

TR

SG   S=-5.0

TP   X   RI

V>

RD

M-D363_RLT02
RI=input
RD=input

SG   S=100.0

S=-5.0

SG

×   TR

GT FGH FEED WATER FCV
(COND. SIDE) SV
燃气加热器给水调阀
（凝侧）设定值

GT FGH FEED WATER (TO
COND) FCV MV (AUTO)
燃气加热器给水流量（去凝侧）
调阀开度指令（自动）

GT FGH FEED WATER (TO
COND)FCV STAND BY
燃气加热器给水
（去凝侧）调阀备用

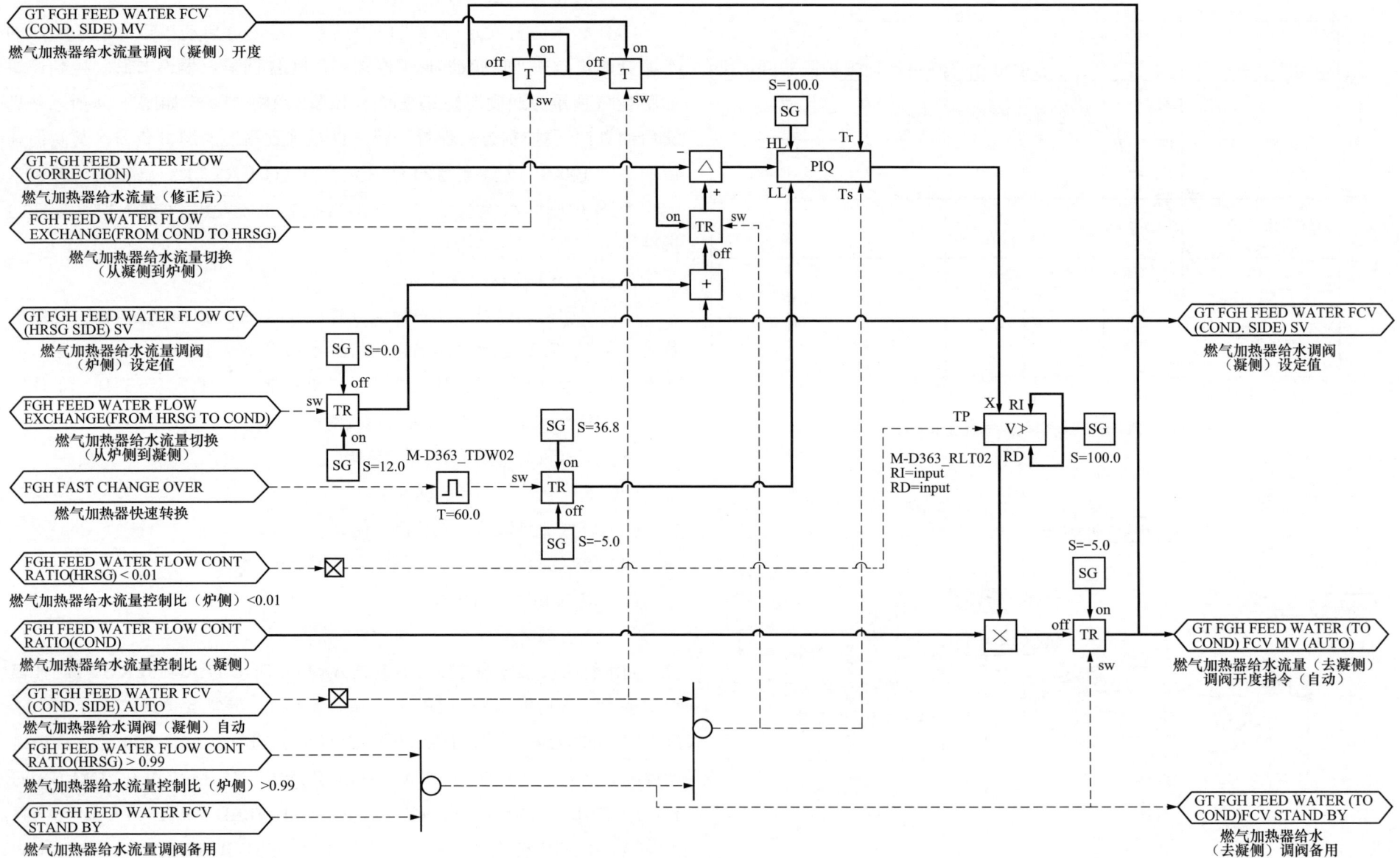

图 2-43　FGH 回凝侧冷却水调节阀控制指令逻辑简图

该常数小于 0.01 时发从凝侧切换到炉侧的信号 [FGH FEED WATER FLOW EXCHANGE (FROM COND TO HRSG)]，此时会把去炉侧的回水比 [FGH FEED WATER FLOW CONT RATIO (HRSG)] 设为 1，把去炉侧的回水比 [FGH FEED WATER FLOW CONT RATIO (COND)] 设为 0，这样就实现了 FGH 回水管路的切换。FGH 回水切换逻辑如图 2-45 所示。

2.13　燃烧室旁路控制（BYCSO）

在燃机点火及低负荷阶段，通过打开燃烧室旁路阀，使压气机出口的部分空气直接旁通到燃烧室尾筒，控制适当的空燃比以使燃料容易着火，即低负荷时不因空气量太大而吹灭火焰，起到稳定燃烧的作用。燃烧室旁路阀控制信号输出（BYCSO）由发电机输出函数、燃烧室壳体压力、压气机入口温度和速度决定。BYCSO 控制燃烧室旁路阀的位置进而影响排气温度和叶片通道温度，其控制策略及逻辑如图 2-46 和图 2-47 所示。

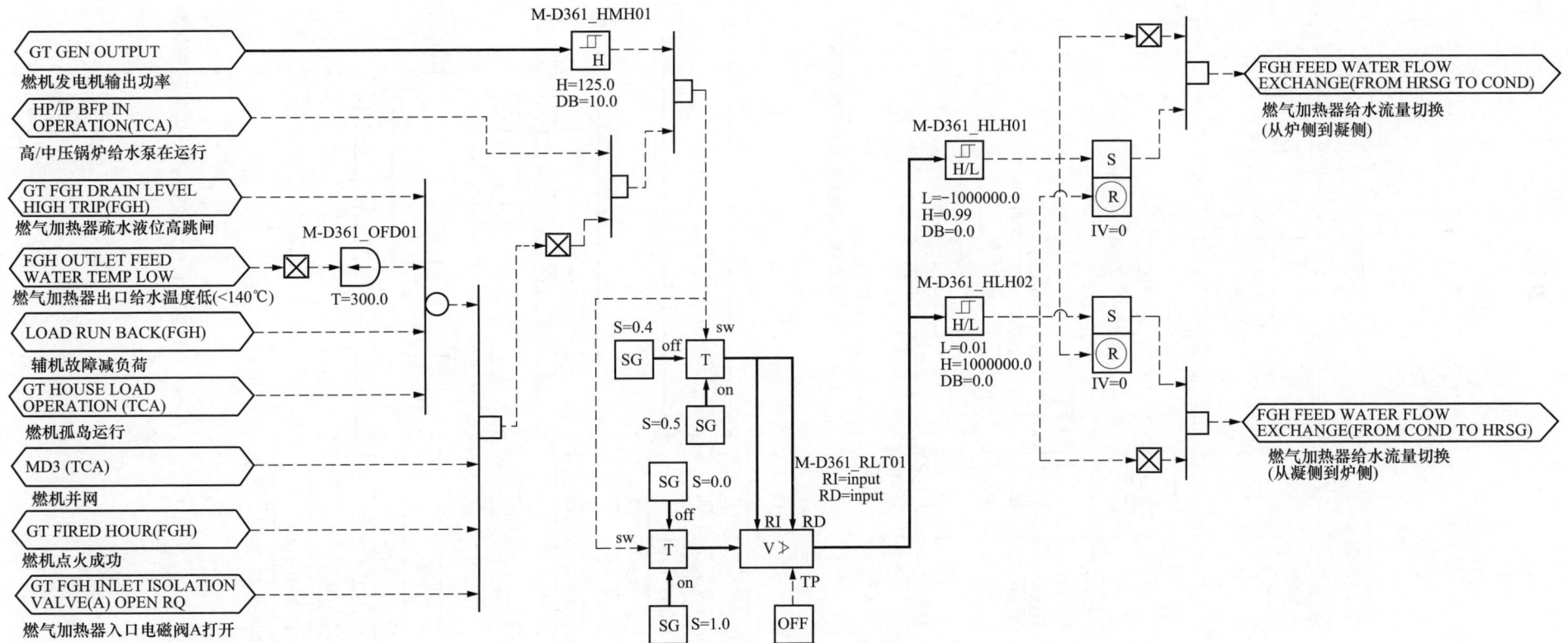

图 2-45　FGH 回水切换逻辑

53

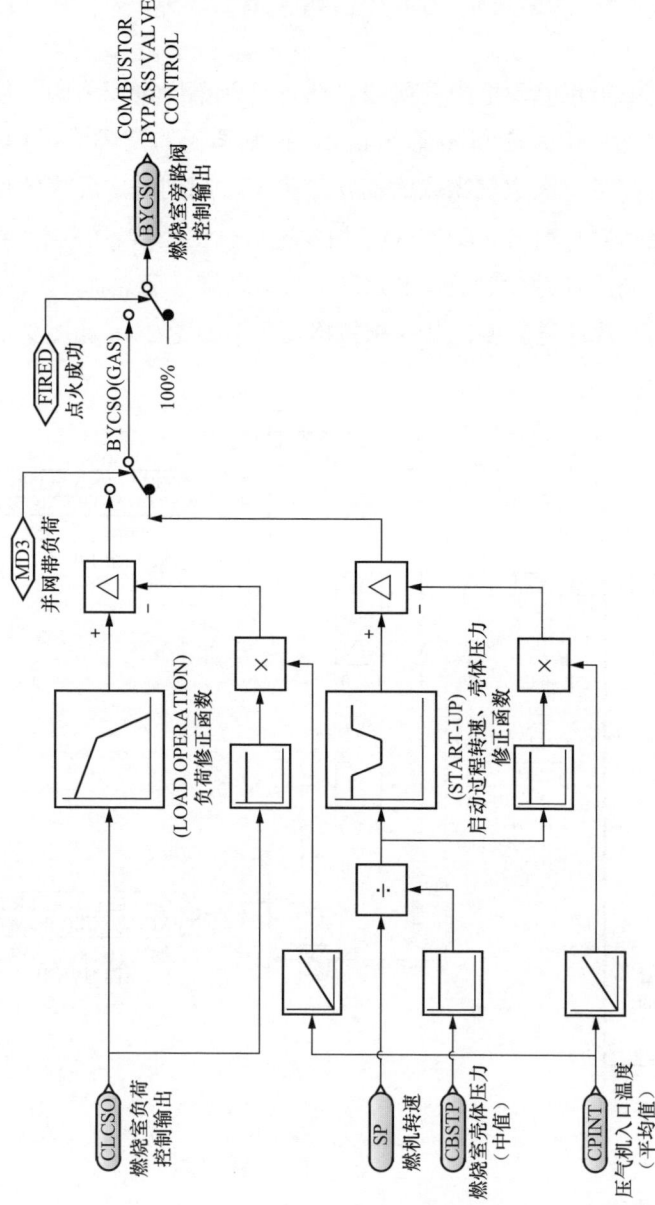

图 2-46　燃烧室旁路控制策略图

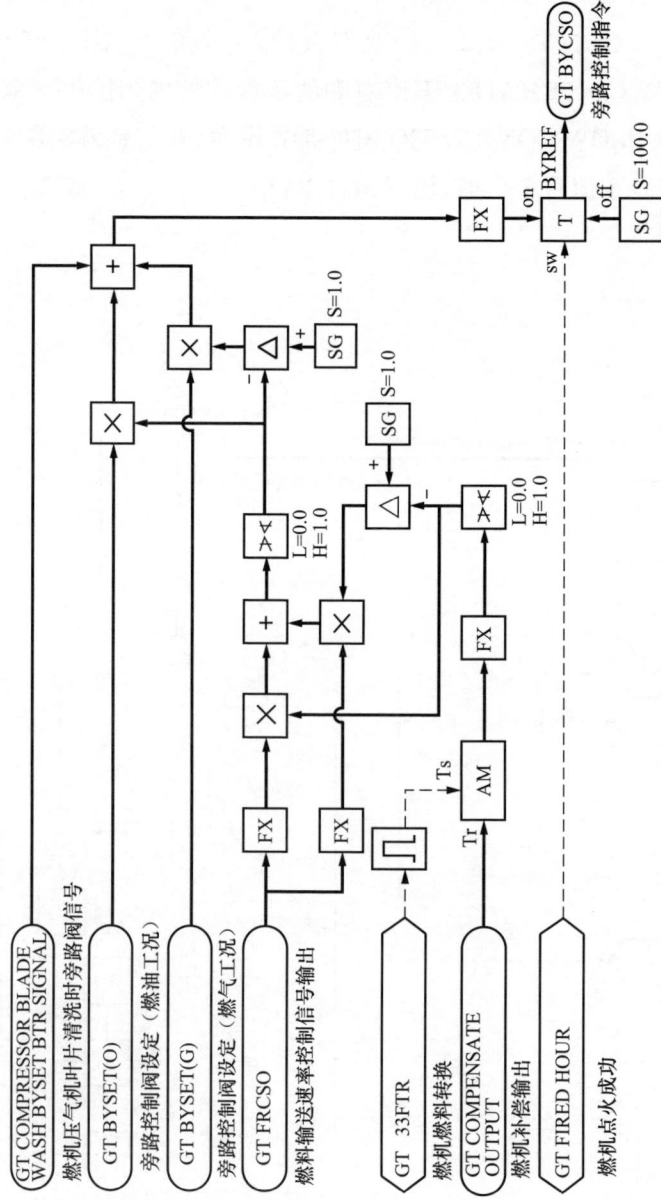

图 2-47　燃烧室旁路阀控制逻辑简图

（1）点火前。燃机点火前，旁路阀保持全开状态，BYCSO=100。

（2）升速阶段。燃机点火成功升速阶段，旁路阀开度为液体燃料、气体燃料和压气机叶片清洗旁路阀设定开度总和的函数，考虑到燃机正常启动中都使用的是液体燃料且不投入压气机叶片在线清洗，故旁路阀开度只与气体燃料旁路设定值有关，通过分析 GT BYSET (G) 逻辑即可得到 BYCSO 的计算公式，BYSET (G) 逻辑简图如图 2-48 所示（见文后插页）。

$$BYCSO = FXS - FXT \times 6.1 \tag{2-22}$$

式中　FXS ——燃机转速的函数，燃机转速 [=0 ～ 1(0 ～ 3750r/min)]，其对应关系见表 2-18；

　　　FXT ——压气机进气温度的函数，其对应关系见表 2-19。

表 2-18　燃机转速与 FXS 的对应关系

GT Speed	0.0	0.187	0.24	0.267	0.333	0.735	0.792	1.0
FXS	120.0	120.0	87.0	87.0	66.5	66.5	120.0	120.0

表 2-19　压气机进气温度与 FXT 的对应关系

Tamb(℃)	-40.0	-10.0	0.0	15.0	30.0	45.0	60.0
FXT	0.0	0.0	0.48	1.0	1.62	2.38	2.38

（3）带负荷阶段。燃机并网带负荷后，旁路阀指令计算公式如下：

$$BYCSO = BYCSO_0 - \Delta BYCSO \times T_{BYCSO} + \Delta BYCSO_{LHA} \times BYCSO_{LHV}$$
$$+ \Delta BYCSO_{INERT} \times BYCSO_{INERT} \tag{2-23}$$

式中　　　　$BYCSO_0$ —— CLCSO 的函数；

　　　$\Delta BYCSO$ ——环境温度影响对 $BYCSO_0$ 的修正，%；

　　　T_{BYCSO} ——压气机进气温度的修正因子；

　　　$BYCSO_{LHV}$ ——燃气热值对 $BYCSO_0$ 的修正；

　　　$\Delta BYCSO_{LHV}$ ——燃气热值的修正因子；

$BYCSO_{INERT}$ ——惰性气体成分对 $BYCSO_0$ 的修正；

$\Delta BYCSO_{INERT}$ ——惰性气体成分的修正因子。

燃机启动过程中 BYCSO 的变化趋势如图 2-49 所示。

2.14　透平冷却控制（TCA）

燃机在正常运行时，透平转子和暴露在高温下的透平叶片必须经过透平冷却空气进行冷却。冷却空气由压气机抽气口抽出，由于压气机排气温度较高，故抽出的空气需通过透平冷却空气系统（turbine cooling air，TCA）冷却器冷却，目前有两种冷却方式：一种是利用天然气来冷却压气机抽气，天然气经 TCA 冷却器后温度升高并进入燃烧室中进行燃烧；另一种是利用高压给水冷却，高压给水经 TCA 冷却器后温度升高并进入凝汽器或高压汽包。压气机出口空气经 TCA 冷却器后温度降低，再经过一台外置的过滤器过滤后被分成两股：一股经第 1 级轮盘上的径向孔引至第 1 级动叶根部，再流入第 1 级空心动叶内部冷却通道进行冷却后，从叶顶和叶片出气边小孔排至主燃气流中；另一股空气经第 1 级轮盘上的轴向孔流至第 2 ～ 4 级轮盘之间的空腔，经叶根槽底部的径向孔去冷却第 2 ～ 4 级轮缘及叶根。这样，使每级叶轮的进气侧和出气侧都有冷却空气流过，使燃气透平各级叶轮的表面全部被冷却空气所包围，与燃气完全隔开，冷却效果很好，使燃气初温在 1400℃ 的情况下，保证燃气透平能够长期安全运行。

TCA 冷却器利用冷却水降低空气出口温度，其冷却水系统图如图 2-50 所示。TCA 冷却水来自高压给水泵，经换热后流向凝汽器和高压汽包。TCA 冷却器通过 TCA 回凝汽器测（凝侧）冷却水流量调节阀 FCV-1、TCA 回余锅侧（炉侧）冷却水流量调节阀 FCV-2 调节冷却水流量，维持 TCA 出口冷却空气温度在要求范围内，两个冷却水回水流量调节阀根据燃机控制系统设定值进行控制。

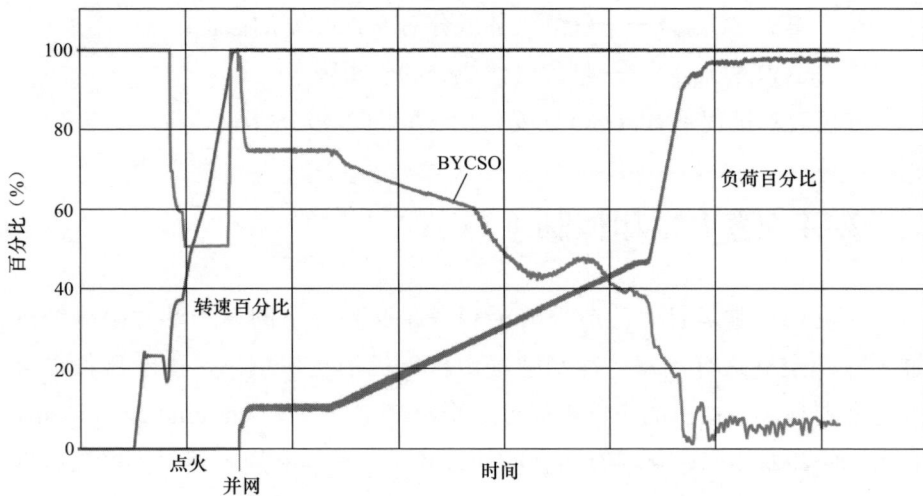

图 2-49 燃机启动过程中 BYCSO 曲线图

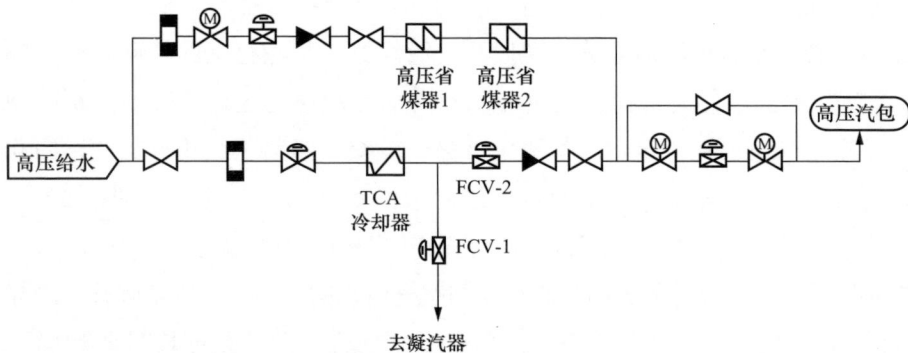

图 2-50 TCA 冷却水系统图

1. 余锅侧冷却水流量控制

机组正常运行时，TCA 冷却器冷却水经 TCA 回余锅侧（炉侧）冷却水流量调节阀至余锅高压省煤器出口。TCA 回余锅侧冷却水流量调节阀流量设定须经 TCA 冷却水回余锅侧调节阀 FCV-2 前后差压、TCA 出口冷却

水温度对应的密度运算控制，控制指令 CV 逻辑如图 2-51 所示。

由图 2-51 可知炉侧冷却水流量调节阀指令分两部分：一部分根据燃机负荷折算值乘以压气机入口温度修正，得到一个冷却水流量设定值，设定值除以 TCA 冷却水温度对应的密度，再乘以 TCA 回余锅侧冷却水流量调节阀前后差压修正，最后再乘上常数 0.366 的折算值，其计算公式如下：

$$CV = \frac{0.366 \times W}{\sqrt{\Delta P \times \gamma}} \quad (2\text{-}24)$$

式中　　W ——给水流量设定（余锅侧），t/h；

　　　　ΔP ——调节阀（炉侧）进出口压差，MPa；

　　　　γ ——给水密度。

另一部分为 TCA 冷却器出口空气温度的修正，该修正值是根据 TCA 冷却器出口空气温度与 230℃ 的偏差进行 PI 调节后送过来的，其范围为 0% ～ 10%。

2. 凝汽器侧冷却水流量控制

因 TCA 冷却器与高压省煤器是并列运行的，在机组启停过程及燃机低负荷时，锅炉的产汽量很小，使得高压省煤器出入口压差很小，此时 TCA 无法保证充足的冷却水流量，TCA 冷却水由 TCA 系统回凝汽器侧（凝侧）冷却水流量调节阀 FCV-1 控制。机组全速前，根据 TCA 进口冷却水温度控设定 TCA 回凝汽器侧冷却水流量，全速后则根据压气机入口空气温度所对应的燃机负荷设定 TCA 回凝侧冷却水流量，TCA 系统回凝汽器侧冷却水流量调节阀 FCV-1 阀位由 TCA 系统回凝汽器侧冷却水流量与 TCA 实际冷却水流量的偏差确定，如图 2-52 所示（见文后插页）。

TCA 冷却水流量设定了一个最小值限制，防止因为冷却水流量减小导致 TCA 内的水发生汽化。当燃机大于 78MW 情况下发生遮断、甩负荷、孤岛运行，导致高压汽包水位达到最高值，或在 TCA 流量小于通过压气机入口空气温度所对应的燃机负荷函数计算出的流量时，TCA 回凝侧冷却

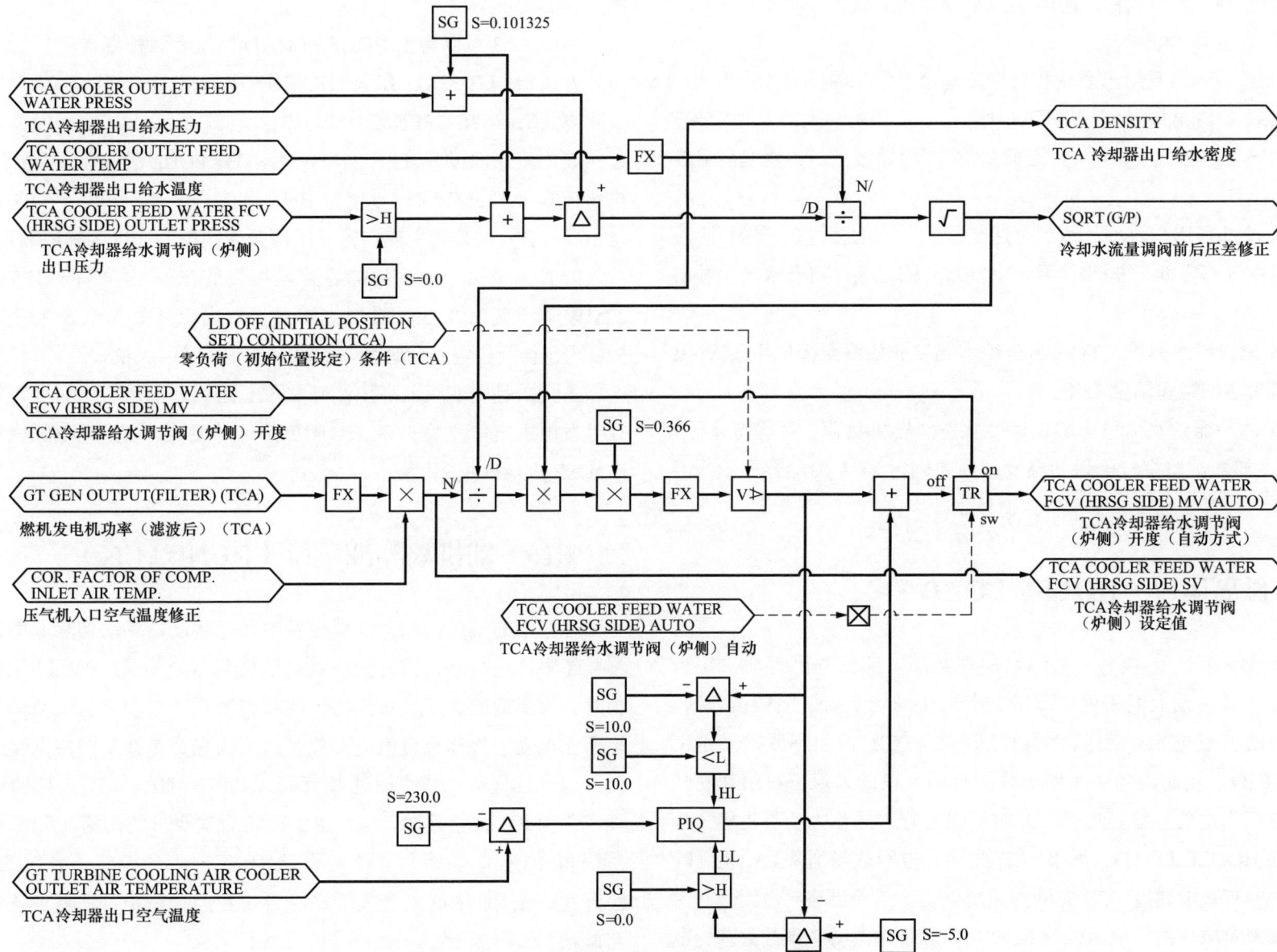

图 2-51　TCA 回炉侧冷却水调节阀控制指令逻辑简图

水流量调节阀快速打开，以保证 TCA 的最小冷却水流量。

3. 水冷式 TCA 冷却器要求

水冷式 TCA 冷却器对给水系统和透平冷却空气供应温度有如下要求：

（1）TCA 冷却器出口温度：燃机启动阶段（从燃机启动至全速空载）的透平冷却空气温度应低于 100℃，因此 TCA 冷却器进出口给水温度需维持在 60℃ 以下。

（2）TCA 冷却器出口温度：达到全速空载后，该温度值在试运行阶段将做调整。若空气温度低于 90℃，因为空气露点的原因，将有水产生并出现积水。

（3）TCA 出口给水温度：TCA 出口给水温度应始终至少低于 TCA 出口给水压力所对应的饱和温度 15℃。

（4）TCA 冷却器给水流量：燃机运行状态（燃机负荷、环境温度等）将影响 TCA 冷却器进口空气流量和温度。需要确定 TCA 冷却器的给水流量，使其出口空气温度维持在某个特定值以下。

2.15 孤岛运行（HOUSE LOAD）

机组在正常运行时，若电网或线路出现故障，比如强烈地质灾害台风、地震、冰灾等引发大面积停电事故，燃机快速切负荷（fast cut back，FCB）功能会跳开发电机 - 变压器组出线开关（TCB），但不联跳发电机出口开关（GCB），从而达到快速切负荷的目的，以此来保证机组在脱网后仍能带自身厂用电安全稳定运行，此时机组运行方式称为"孤岛模式"，即三菱所谓的 HOUSE LOAD。如果 FCB 成功，电网故障消除后，机组能自带厂用电快速有效地通过 TCB 并网向系统供电，从而迅速"激活"网内其他机组并恢复对用户的供电。因此 FCB 功能对于电网特殊事故处理、电网黑启动及发电厂保厂用电都具有十分重要的意义。孤岛运行方式逻辑简

图如图 2-53 所示。

由图 2-53 可以看出 HOUSE LOAD 触发有两种方式：

方式一：GT 33KFCBL& GT 33KFCBU&MD3（RTDSPD&52G CLOSE）。

方式二：52L OPEN&MD3。

其中，燃机负荷低于 27MW 时，33KFCBL 为 ON，否则为 OFF；燃机负荷高于 135MW 时，33KFCBU 为 ON，否则为 OFF；52G 为燃机发电机出口开关；52L 为主变压器高压侧开关；RTDSPD 为燃机额定转速。

方式一是由于电网故障导致燃机负荷在 5s 内从高于 135MW 波动至 27MW 以下延时 0.15s，此时燃机发电机出口开关 52G 及主变压器高开关 52L 均在合闸位置，此时触发燃机 HOUSE LOAD 模式。

方式二是主变压器高压侧开关 52L 跳闸，而燃机仍然处在额定转速运行且发电机出口开关 52G 在合闸位，这时燃机自带厂用电弧网运行并触发 HOUSE LOAD 模式。

2.16 辅机故障减负荷（RUNBACK）

运行中的机组，当主要辅机发生故障跳闸、手动切除或燃机某些重要参数超限，造成燃机出力无法满足机组负荷的要求，机组实发功率受到限制时，为了适应运行设备出力，燃机控制系统自动将机组负荷迅速降到燃机所能承受的目标负荷值，并控制机组在允许参数范围内继续运行而不停机，这一过程称为燃机快速减负荷（RUNBACK，RB）。检验该功能的试验，称为 RB 试验。燃气电厂 RB 试验的主要目的是检验和考核燃机控制系统和 RB 控制功能，考核和检查 RB 工况下各调节子系统的控制性能，检查考核在 RB 工况下有关逻辑能否使各控制系统及辅机设备协调一致的动作。

RB 的控制功能主要由模拟量控制系统 MCS 和燃机控制系统 TCS 共

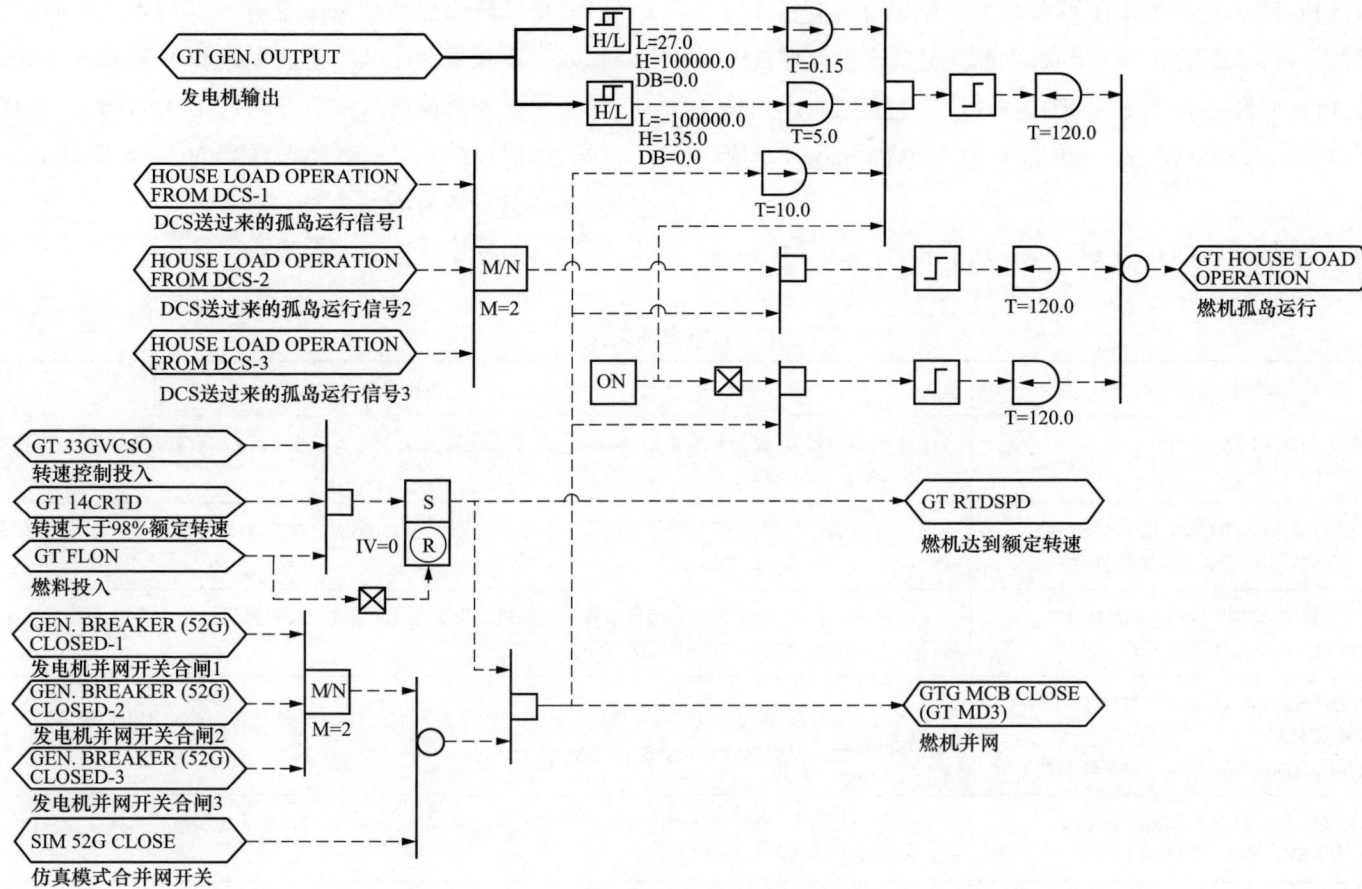

图 2-53　孤岛运行方式逻辑简图

同实现。TCS 的任务是根据 RB 控制的要求控制减少燃料量。MCS 的主要任务根据 RB 实现协调控制切换、调整汽包水位以及主蒸汽温度等。燃机 RB 和煤机 RB 触发逻辑完全不同，煤机 RB 主要为磨煤机 RB、送风机 RB、引风机 RB、一次风机 RB、给水泵 RB 等内容，而燃机 RB 主要分为外部 RB 和内部 RB 两种。外部 RB 指由 DCS 经过判断条件后，发至燃机进行 RB，内部 RB 指燃机自身判断条件后触发 RB。RB 速率包括 20MW/min（正常）、60MW/min（中速）、150MW/min（快速）和 300MW/min（极快速）四种。

外部 RB 由机组 DCS 侧触发，DCS 侧设计 RB 功能投入 / 切除按钮，用于 RB 功能投切；燃机内部 RB 自动触发。当燃机负荷（实发功率）均小于 50%，RB 自动复位。

1. 燃机自动减负荷的类型
（1）正常减负荷：减负荷速率为 20MW/min（6.67%/min）。
（2）中速减负荷：减负荷速率为 60MW/min（20%/min）。
（3）快速减负荷：减负荷速率为 150MW/min（50%/min）。
（4）极快速减负荷：减负荷速率为 300MW/min（100%/min)。
2. 燃机自动减负荷的条件
燃机自动减负荷条件见表 2-20。

表 2-20   燃机自动减负荷条件

序号	RB 名称	RB 定值及内容
1	CPFM HIGH RUN BACK CPFM 高减负荷（最快降负荷）	未"孤岛运行"，也没有功率信号故障，发电机功率大于 15MW，来 CPFM 高减负荷信号（10 取 1），则最快降负荷，RUN BACK RATE（V-FAST）=1
2	GT EXTERNAL REQUEST RUN BACK(V-FAST) 燃机外部减负荷（V-FAST）请求（最快降负荷）	未"孤岛运行"，也没有功率信号故障，发电机功率大于 150MW，DCS 来外部急减负荷指令（DCS 侧无逻辑），则最快降负荷，RUN BACK RATE（V-FAST）=1
3	FUEL GAS SUPPLY PRESSURE LOW RUN BACK 天然气供气压力低减负荷（最快降负荷）	未"孤岛运行"，也没有功率信号故障，发电机功率大于 150MW，天然气供气压力为好点且三选中值小于 3.25MPa，则最快降负荷，RUN BACK RATE（V-FAST）=1
4	FUEL GAS SUPPLY PRESSURE CV OUTLET TEMPERATURE LOW RUN BACK 天然气压力控制阀出口温度低减负荷（最快降负荷）	未"孤岛运行"，也没有功率信号故障，发电机功率大于 165MW，天然气压力控制阀出口温度为好点且二取高值小于设定值，则最快降负荷，RUN BACK RATE（V-FAST）=1
5	GT EXTERNAL REQUEST RUN BACK(FAST) 燃机外部减负荷（FAST）请求（快速降负荷）	未"孤岛运行"，也没有功率信号故障，发电机功率大于 150MW，DCS 来外部急减负荷指令（DCS 侧无逻辑），则快速降负荷，RUN BACK RATE（FAST）=1
6	GT GEN STATOR WINDING TEMP HIGH RUNBACK 发电机定子线圈温度高减负荷（中速降负荷）	未"孤岛运行"，也没有功率信号故障，发电机功率大于 15MW，发电机定子线圈温度 1 ~ 6 号为好点且大于 106℃，延时 30s，则中速降负荷，RUN BACK RATE（MIDDLE）=1。六取三
7	FUEL GAS SUPPLY PRESSURE CV OUTLET EMPERATURE HIGH RUN BACK 天然气压力控制阀出口温度高减负荷（正常降负荷）	未"孤岛运行"，也没有功率信号故障，发电机功率大于 150MW，天然气压力控制阀出口温度为好点且二取高值大于 250℃，则正常降负荷，RUN BACK RATE（NORMAL）=1

序号	RB 名称	RB 定值及内容
8	ROTOR COOLING AIR TEMPERATURE HIGH RUN BACK 转子冷却空气温度高减负荷（正常降负荷）	未"孤岛运行"，也没有功率信号故障，发电机功率大于 150MW，TCA 控制不正常延时 5s，且转子冷却空气温度为好点且二取平均值大于设定值，延时 300s 正常降负荷，RUN BACK RATE（NORMAL）=1。额定转速时为 295℃（150MW 前，无法触发该 RB 条件）
9	GT EXTERNAL REQUEST RUN BACK(NORMAL) 燃机外部减负荷（NORMAL）请求（正常降负荷）	未"孤岛运行"，也没有功率信号故障，发电机功率大于 150MW，DCS 来外部急减负荷指令（DCS 侧为 OPC 保护动作或汽机跳闸），则正常降负荷，RUN BACK RATE（NORMAL）=1
10	GT INLET AIR FILTER DIFFERENTIAL PRESSURE HIGH RUNBACK 燃机进气过滤器差压高减负荷（正常降负荷）	未"孤岛运行"，也没有功率信号故障，发电机功率大于 150MW，燃机进气过滤器压差大于 2.06kPa，则正常降负荷，RUN BACK RATE（NORMAL）=1

燃机 RB 触发逻辑如图 2-54 所示（见文后插页）。

3.1 机组顺控

机组顺控包含启动顺控和停机顺控，其中停机顺控又分手动停机和事故停机两种。

3.1.1 启动顺控

3.1.1.1 燃机启动条件检查

燃机启动前需做好如下准备工作，满足启动条件后方可启机，启动条件详细信息见表 3-1～表 3-13。

1. 启动条件 1：压气机进气温度满足

表 3-1   压气机进气温度满足

条件名	GT COMPRESSOR INLET AIR TEMPERATURE OK 燃机压气机进气温度满足
控制原理	
逻辑说明	从 TPS 硬接线传过来的三个温度测点，取其平均值。该温度变化速率被限制在 5℃/min，当温度大于或等于 −20℃，压气机进气温度满足
逻辑页	G-C021

2. 启动条件 2：燃机点火器准备好

表 3-2 燃机点火器准备好

条件名	GT IGNITER READY 燃机点火器准备好
控制原理	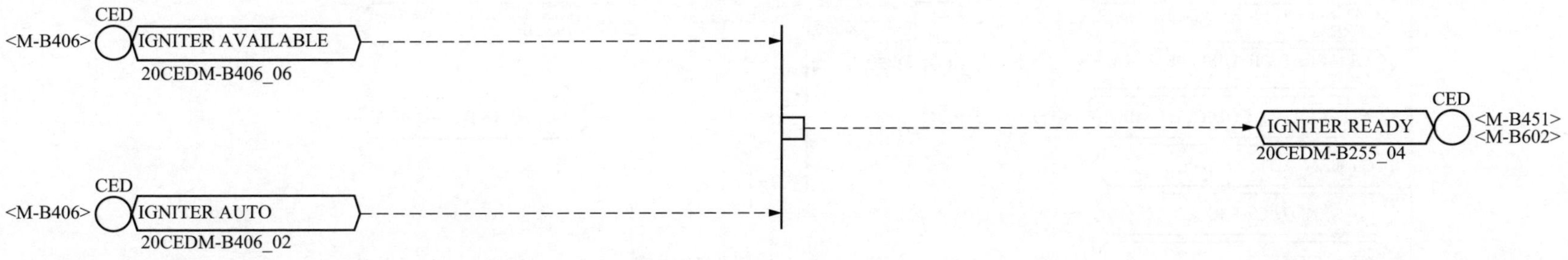
逻辑说明	点火器可用且处于自动状态
逻辑页	M-B255

3. 启动条件 3：余锅准备启动

表 3-3 余锅准备启动

条件名	HRSG READY TO START 余锅准备启动
控制原理	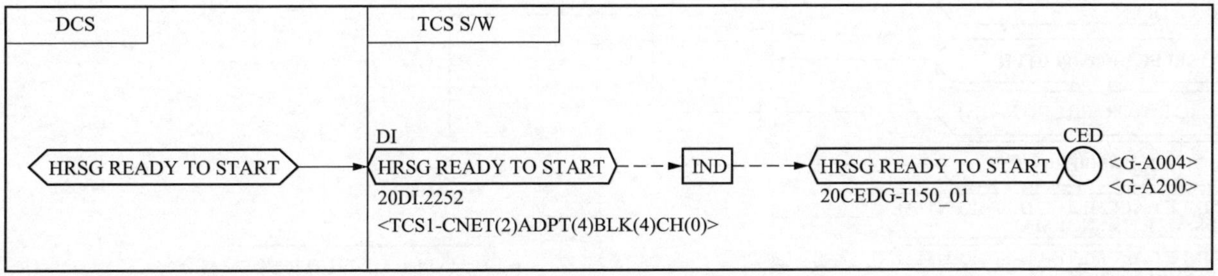
逻辑说明	从 DCS 通信过来的信号，该条件由 DCS 系统进行判断
逻辑页	G-I150

4. 启动条件 4：公用系统准备启动

表 3-4 　　　　　　　　　　　　　　　　　　　公用系统准备启动

条件名	GT COMMON RTS　燃机公用系统准备启动
控制原理	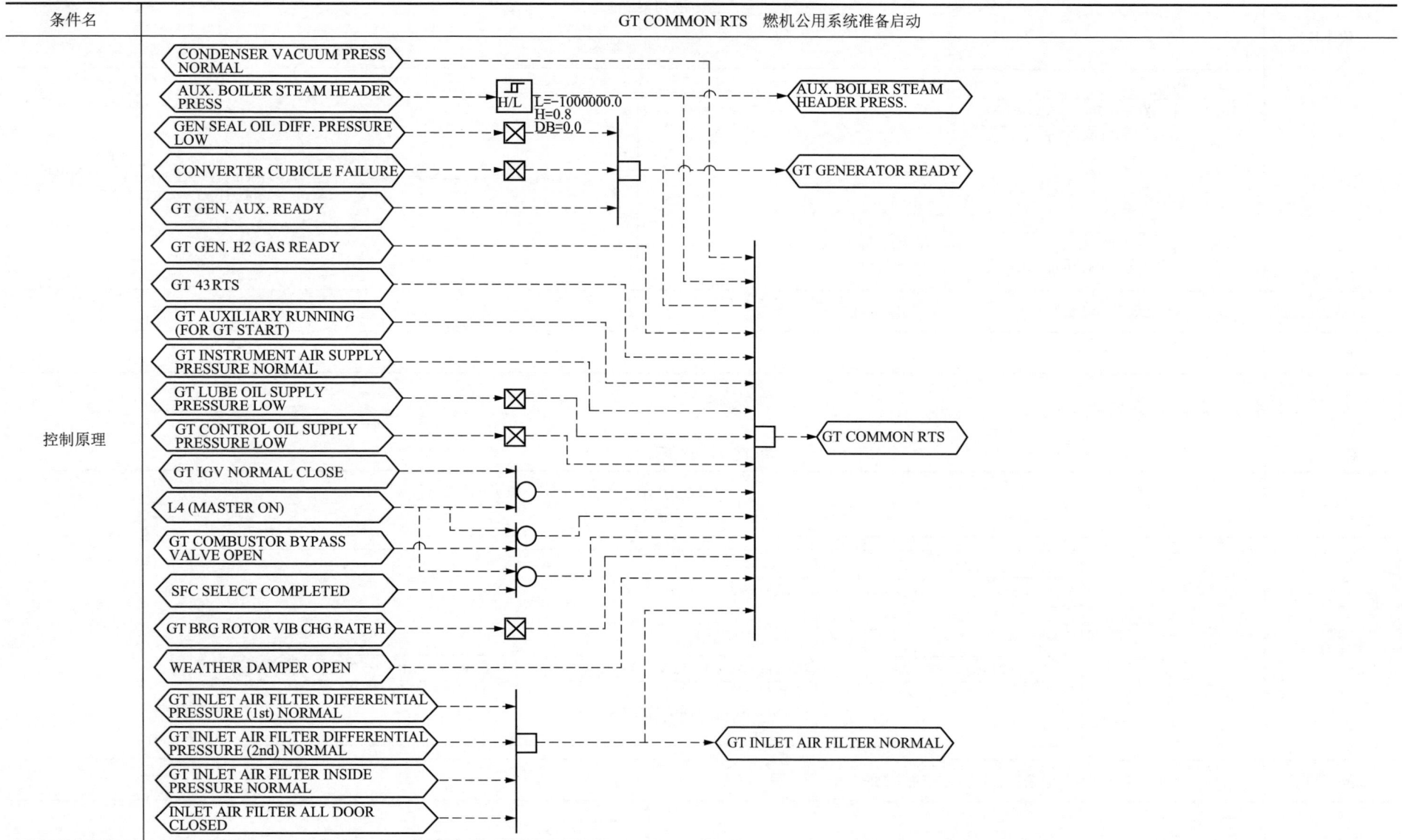

- CONDENSER VACUUM PRESS NORMAL
- AUX. BOILER STEAM HEADER PRESS　H/L　L=-1000000.0　H=0.8　DB=0.0
- GEN SEAL OIL DIFF. PRESSURE LOW
- CONVERTER CUBICLE FAILURE
- GT GEN. AUX. READY
- GT GEN. H2 GAS READY
- GT 43 RTS
- GT AUXILIARY RUNNING (FOR GT START)
- GT INSTRUMENT AIR SUPPLY PRESSURE NORMAL
- GT LUBE OIL SUPPLY PRESSURE LOW
- GT CONTROL OIL SUPPLY PRESSURE LOW
- GT IGV NORMAL CLOSE
- L4 (MASTER ON)
- GT COMBUSTOR BYPASS VALVE OPEN
- SFC SELECT COMPLETED
- GT BRG ROTOR VIB CHG RATE H
- WEATHER DAMPER OPEN
- GT INLET AIR FILTER DIFFERENTIAL PRESSURE (1st) NORMAL
- GT INLET AIR FILTER DIFFERENTIAL PRESSURE (2nd) NORMAL
- GT INLET AIR FILTER INSIDE PRESSURE NORMAL
- INLET AIR FILTER ALL DOOR CLOSED

Outputs:
- AUX. BOILER STEAM HEADER PRESS.
- GT GENERATOR READY
- GT COMMON RTS
- GT INLET AIR FILTER NORMAL

条件名	GT COMMON RTS 燃机公用系统准备启动
逻辑说明	1. 凝汽器真空压力正常（逻辑页：M-Q202） （1）从 TCS 硬接线传过来的三个大气压测点（其单位为 hPa），取中值后再乘以 0.1 换算成千帕（kPa）单位，凝汽器真空压力减去大气压力，该值不能小于 −87kPa。 （2）从 TCS 硬接线传过来的两个凝汽器真空压力（绝对压力）至少有一个不能低于 9.3kPa。 2. 辅助锅炉蒸汽加热器压力正常（逻辑页：GTZ601） 从 PCS 通信过来的辅助锅炉蒸汽加热器压力测点信号大于或等于 0.8MPa。 3. 燃机发电机准备好（逻辑页：M-A151） （1）从 TCS 硬接线通信过来的发电机密封油差压低信号（取反信号）为 ON。 （2）从励磁系统（EXC）通信过来的转换间故障信号不能为 ON。 （3）发电机密封油泵 A 远方、无故障且电源正常。 （4）发电机密封油泵 B 远方、无故障且电源正常。 （5）发电机事故密封油泵远方、自动、无故障且电源正常。 （6）发电机密封油泵 A、B 至少有一台运行。 4. 燃机发电机氢气系统准备好（逻辑页：M-A151） （1）从密封油面板（SCP）硬接线通信过来的机组氢气供气入口压力低信号（取反信号）为 ON。 （2）从密封油面板（SCP）硬接线通信过来的氢气压力高信号不能为 ON。 （3）从密封油面板（SCP）硬接线通信过来的氢气压力低信号（取反信号）为 ON。 （4）从密封油面板（SCP）硬接线通信过来的氢气纯度低信号（取反信号）ON。 （5）从密封油面板（SCP）硬接线通信过来的氢气压力非常低信号（取反信号）为 ON。 5.GT 43RTS（逻辑页：M-B258） （1）控制油泵 A、B 均在自动、可用状态。 （2）汽机辅助系统准备好，包括转向电动机，交流顶轴油泵 A、B，直流顶轴油泵均处于自动、可用状态。 （3）A、B、C 三台燃机罩壳风机至少有两台在自动、可用，状态，两运一备且流量正常。 （4）主润滑油泵 A、B，事故润滑油泵，润滑油系统排烟风机 A、B 均处于可用状态。 （5）主润滑油泵 A、B，润滑油系统排烟风机 A、B 均处于自动状态，且润滑油温度控制阀处于自动状态。 （6）FG 单元风机 A、B 均处于自动、可用状态，一运一备。 6. 燃机辅助系统运行（逻辑页：M-B258） （1）主润滑油泵 A、B 任意一台运行。 （2）润滑油排烟风机 A、B 任意一台运行。 （3）控制油泵 A、B 任意一台运行。 （4）燃机罩壳风机 A、B、C 任意两台运行。 （5）FG 单元风机 A、B 任意一台运行。 （6）汽机辅助系统运行：燃机转速大于 600r/min 或交流顶轴油泵 A、B 任意一台运行。

条件名	GT COMMON RTS 燃机公用系统准备启动
逻辑说明	7. 燃机仪用气供气压力正常（逻辑页：G-C007） 燃机仪用气供气压力大于或等于 0.45MPa 且压力不超限。 8. 燃机润滑油供油压力不低（逻辑页：M-B202） 燃机润滑油供油压力大于或等于 0.189MPa。 9. 燃机控制油压力不低（逻辑页：M-B202） 燃机控制油压力大于或等于 8.8MPa。 10. 燃机进口导叶正常关闭（逻辑页：G-C110） IGV 运行角度在 33°～35°之间，当 L4 (MASTER ON) 存在时可以不考虑该条件。 11. 燃机燃烧室旁通阀开（逻辑页：G-C107） 旁路阀开度需小于 2%。 12.SFC 选择完成（逻辑页：G-E013） SFC1、SFC2 已准备好且至少一个被选中。 13. 燃机轴承振动变化速率不大（逻辑页：G-A524） 燃机并网后，8 个转子轴承 X、Y 方向的位移升速率不能超过 1000mm/min。 14. 燃机挡风板开启（逻辑页：G-I150） 从 DCS 通信过来的信号。 15. 燃机进气滤网正常（逻辑页：G-A003） （1）燃机一级进气滤网差压不大于 0.25kPa 且无超限报警。 （2）燃机二级进气滤网差压不大于 0.9kPa 且无超限报警。 （3）燃机进气滤网内部压力不大于 1.47kPa 且无超限报警。 （4）进气滤网内爆门全开（取反信号）。 （5）空气通道舱门全开（取反信号）
逻辑页	G-A003

5. 启动条件 5：18 号火焰探测器无火

表 3-5　　　　　　　　　　　　　　　　　　　　　　　　　　　　　　　　**18 号火焰探测器无火**

条件名	GT FLM18 18 号火焰探测器无火
控制原理	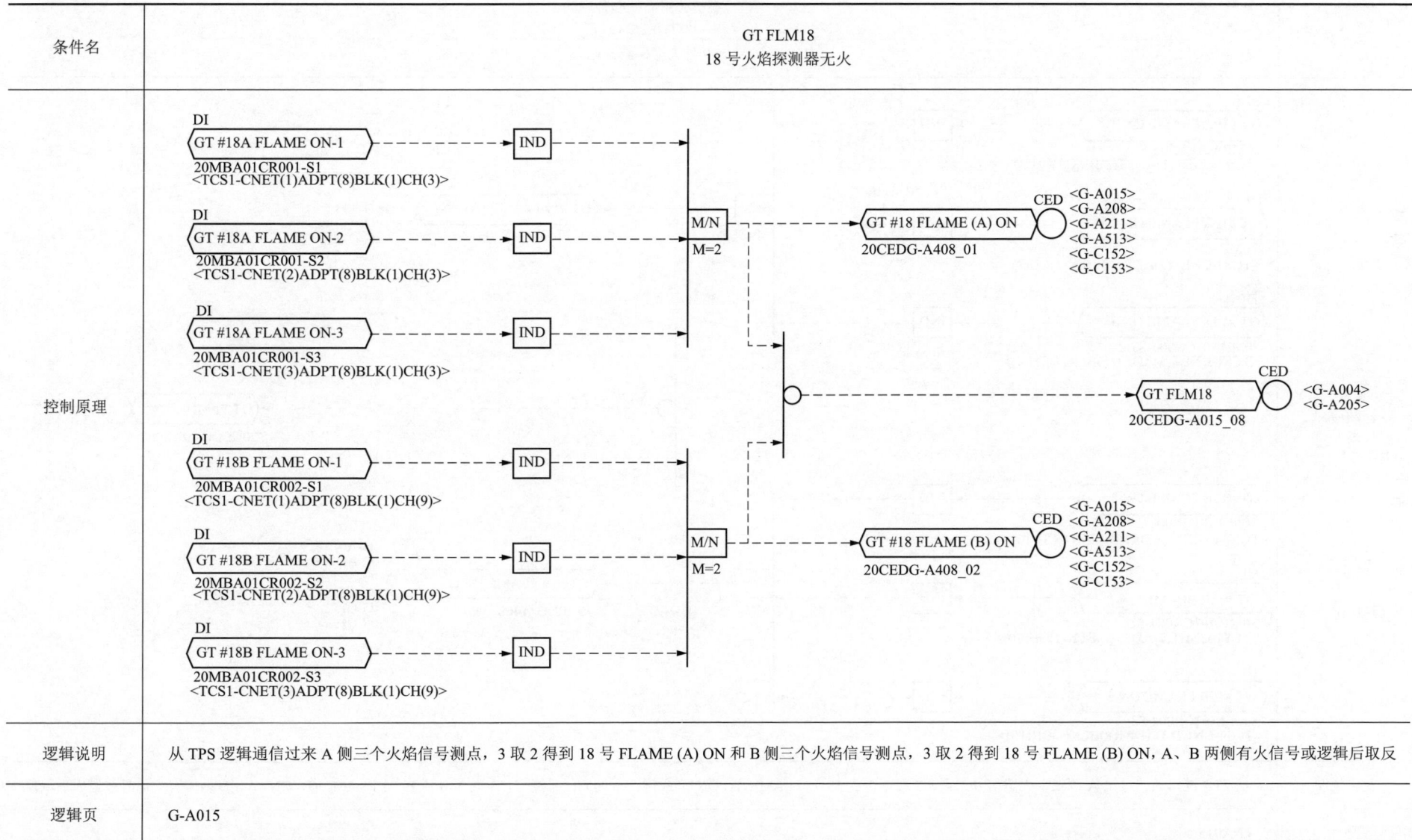
逻辑说明	从 TPS 逻辑通信过来 A 侧三个火焰信号测点，3 取 2 得到 18 号 FLAME (A) ON 和 B 侧三个火焰信号测点，3 取 2 得到 18 号 FLAME (B) ON，A、B 两侧有火信号或逻辑后取反
逻辑页	G-A015

控制原理图中内容：

DI　GT #18A FLAME ON-1　20MBA01CR001-S1　<TCS1-CNET(1)ADPT(8)BLK(1)CH(3)>　IND

DI　GT #18A FLAME ON-2　20MBA01CR001-S2　<TCS1-CNET(2)ADPT(8)BLK(1)CH(3)>　IND

DI　GT #18A FLAME ON-3　20MBA01CR001-S3　<TCS1-CNET(3)ADPT(8)BLK(1)CH(3)>　IND

DI　GT #18B FLAME ON-1　20MBA01CR002-S1　<TCS1-CNET(1)ADPT(8)BLK(1)CH(9)>　IND

DI　GT #18B FLAME ON-2　20MBA01CR002-S2　<TCS1-CNET(2)ADPT(8)BLK(1)CH(9)>　IND

DI　GT #18B FLAME ON-3　20MBA01CR002-S3　<TCS1-CNET(3)ADPT(8)BLK(1)CH(9)>　IND

M/N M=2　GT #18 FLAME (A) ON　20CEDG-A408_01　CED　<G-A015> <G-A208> <G-A211> <G-A513> <G-C152> <G-C153>

M/N M=2　GT #18 FLAME (B) ON　20CEDG-A408_02　CED　<G-A015> <G-A208> <G-A211> <G-A513> <G-C152> <G-C153>

GT FLM18　20CEDG-A015_08　CED　<G-A004> <G-A205>

6. 启动条件 6：19 号火焰探测器无火

表 3-6   19 号火焰探测器无火

条件名	GT FLM19 19 号火焰探测器无火
控制原理	
逻辑说明	从 TPS 逻辑通信过来 A 侧三个火焰信号测点，3 取 2 得到 19 号 FLAME (A) ON 和 B 侧三个火焰信号测点，3 取 2 得到 19 号 FLAME (B) ON，A、B 两侧有火信号或逻辑后取反
逻辑页	G-A015

7. 启动条件 7： 燃机排气段无可燃气体浓度高报警

表 3-7 　　　　　　　　　　　　　　　　　　　　　　**燃机排气段无可燃气体浓度高报警**

条件名	GAS DETECTOR MONITOR FOR GT EXHAUST GAS DUCT NORMAL 可燃气体的泄漏监测运行正常
控制原理	
逻辑说明	燃机排气段无可燃气体浓度高报警，从 TSI 硬接线通信过来
逻辑页	G-A521

8. 启动条件 8：燃料准备好且燃机保护系统工作正常

表 3-8　　　　　　　　　　　　　　　　　　　　　　　　　燃料准备好且燃机保护系统工作正常

条件名	GT GAS RTS 燃机燃气已备好
控制原理	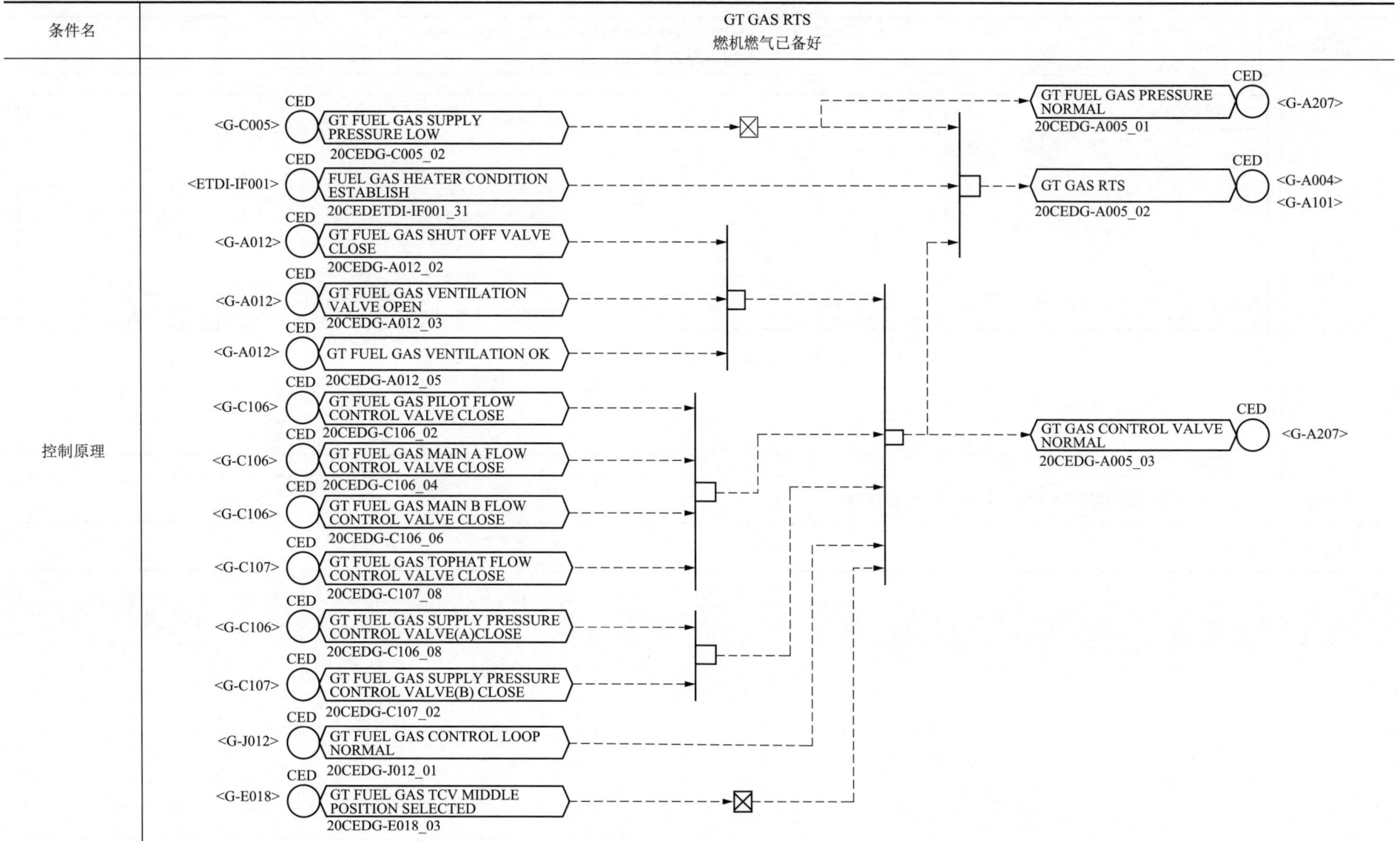

条件名	GT GAS RTS 燃机燃气已备好	
逻辑说明	1. 燃油已备好（逻辑页：G-A005) 该信号已取消。 2. 燃机选择气体燃料（逻辑页：G-A102) 该信号已被置为 ON，默认选择气体燃料。 3. 燃气已备好（逻辑页：G-A005) （1）燃气供气压力不低，燃机供气压力需大于燃机发电机输出功率拟合出的压力值。 （2）燃机加热条件建立，包括如下设备的状态正常： 1）燃气加热器 A、B 侧疏水液位小于高报警设定值，从就地仪表端过来的 DI 信号。 2）高压或中压旁路压力在控制中（TCA)。 3）燃气加热器给水流量控制阀（余锅侧）自动。 4）燃气加热器给水流量控制阀（凝汽器侧）自动。 5）燃气紧急排空阀自动。 6）燃气紧急关断阀自动。 7）燃气紧急排空阀全关。 8）燃气紧急关断阀全开。 9）燃气加热器入口隔离阀 A 自动。 10）燃气加热器入口隔离阀 B 自动。 （3）燃气关断阀全关。 （4）燃机排空阀全开。 （5）燃机排空条件满足：无燃气且燃气放空阀非全关。 （6）燃气先导控制阀全关。 （7）燃气流量主控阀 A 全关。 （8）燃气流量主控阀 B 全关。 （9）燃气顶帽流量控制阀全关。 （10）燃气供气压力控制阀 A 全关。 （11）燃气供气压力控制阀 B 全关。 （12）燃料控制回路正常，需满足如下条件： 1）燃气供气压力控制阀出口压力都正常。 2）燃气压力、流量控制阀无偏差大报警。 3）燃气顶帽流量控制阀无偏差大报警。 4）燃气供气压力控制阀 A 无偏差大报警。 5）燃气主流量控制阀 A 无偏差大报警。	6）燃气供气压力控制阀 B 无偏差大报警。 7）燃气主流量控制阀 B 无偏差大报警。 8）伺服模块 021A、021B 无故障。 9）伺服模块 022A、022B 无故障。 10）伺服模块 023A、023B 无故障。 11）伺服模块 024A、024B 无故障。 12）伺服模块 025A、025B 无故障。 13）伺服模块 026A、026B 无故障。 （13）燃气 TCV 阀不在中间位置。 4. 燃油已备好（逻辑页：G-A005) 该信号已取消。 5. 燃油已备好（逻辑页：G-A005) 该信号已取消。 6. 燃油已备好（逻辑页：G-A005) 该信号已取消
逻辑页	G-A005、G-A102、G-A472 、G-D029	

9. 启动条件9：透平冷却空气系统通道建立

表3-9 透平冷却空气系统通道建立

条件名	GT TURBINE COOLING AIR COOLER CONDITION ESTABLISH 透平冷却空气系统条件建立
控制原理	
逻辑说明	（1）空气冷却器疏水液位小于高报警设定值475mm。 （2）空气冷却器进水温度小于60℃且无超限报警，三个流量测点通过公式修正后的流量取中值大于冷却器进水温度拟合值与压气机进气温度拟合值的积。 （3）高压或中压旁路压力在控制中（TCA）。 （4）汽包旁路预热阀自动（TCA），从PCS通信过来的信号。 （5）空气冷却器给水流量调节阀（余锅侧）自动。 （6）空气冷却器给水流量调节阀（凝汽器侧）自动。 （7）空气冷却器冷却水关断阀A自动。 （8）空气冷却器冷却水关断阀B自动
逻辑页	M-D251

10. 启动条件 10：燃机壳体金属温差正常

表 3-10　　　　　　　　　　燃机壳体金属温差正常

条件名	GT CASING METAL DIFFERENTIAL TEMPERATURE OK (NORMAL) 燃机壳体金属温差正常
控制原理	
逻辑说明	（1）燃兼压缸上缸温与下缸温差不能超过 65℃。 （2）燃兼压缸上缸温与下缸温无超限报警。 （3）透平缸上缸温与下缸温差不能超过 90℃。 （4）透平缸上缸温与下缸温无超限报警
逻辑页	G-C020

11. 启动条件 11：燃机高压吹扫空气压力正常

表 3-11   燃机高压吹扫空气压力正常

条件名	GT HIGH PRESSURE PURGE AIR PRESSURE NORMAL 燃机高压吹扫空气压力正常
控制原理	逻辑中已被置成常 ON
逻辑说明	该判断条件已取消，默认已满足
逻辑页	G-C004

12. 启动条件 12：无燃气喷嘴吹扫请求（离线水洗）

表 3-12   无燃气喷嘴吹扫请求（离线水洗）

条件名	GT FG NOZZLE PURGE ON (OFF-LINE WASH) 无燃气喷嘴吹扫请求（离线水洗）
控制原理	
逻辑说明	无燃气喷嘴吹扫请求（离线水洗）或燃气喷嘴吹扫空气关断阀未开
逻辑页	G-A124B

13. 启动条件 13：汽机准备启动

表 3-13　　　　　　　　　　　　　　　　　　　　　汽　机　准　备　启　动

条件名	ST READY TO START 汽机准备启动
控制原理	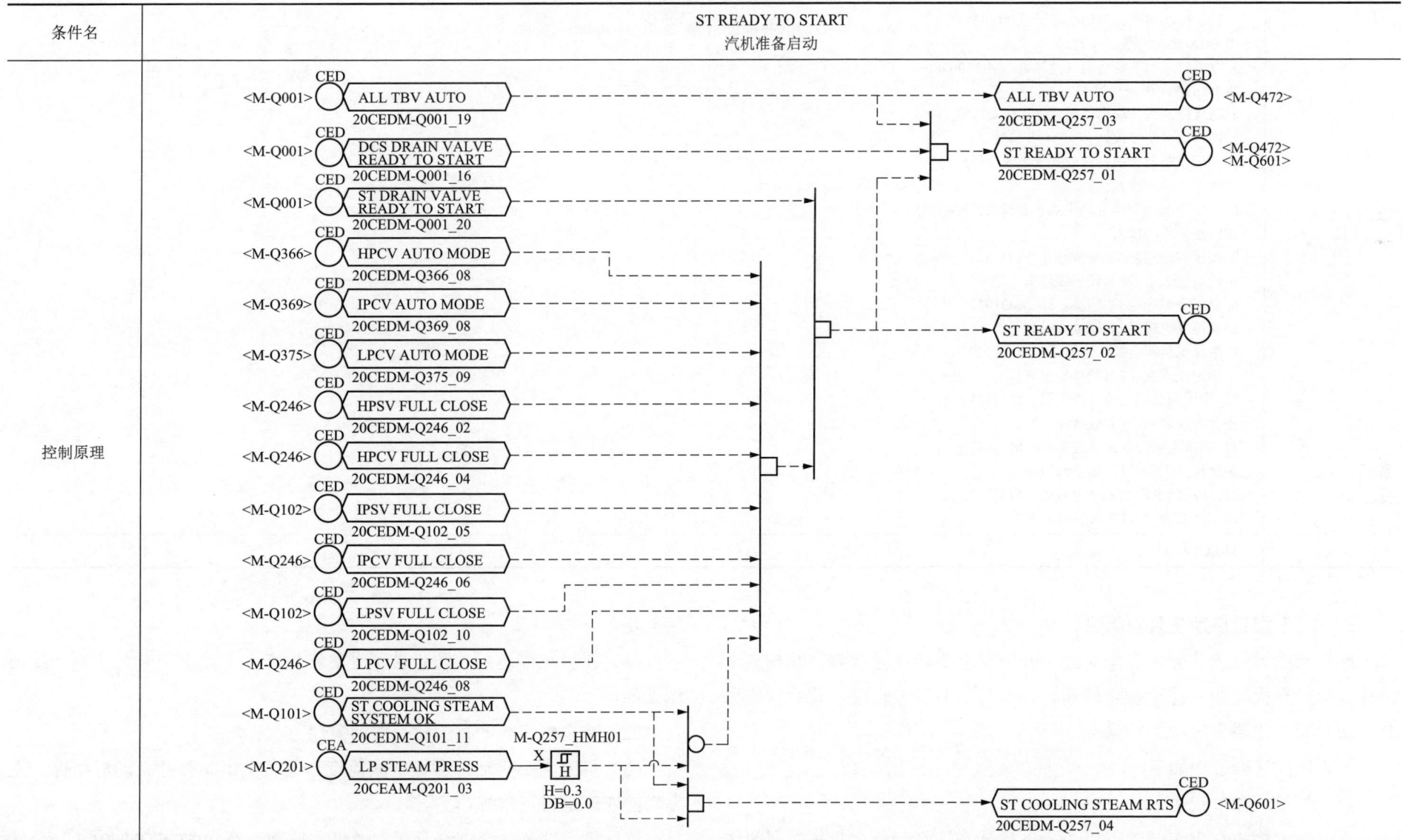

逻辑说明	1. 所有的汽机旁路阀在自动（逻辑页：M-1500） 由 PCS 软逻辑通信过来。 2. DCS 疏水阀准备启动（逻辑页：G-I151） 由 DCS 软逻辑通信过来。 3. 汽机疏水阀准备启动（逻辑页：M-1500） 由 PCS 软逻辑通信过来。 4. 高压控制调节阀自动模式（逻辑页：M-Q366） 由操作员手动投入。 5. 中压控制调节阀自动模式（逻辑页：M-Q369） 由操作员手动投入。 6. 低压控制调节阀自动模式（逻辑页：M-Q375） 由操作员手动投入。 7. 高压电磁阀全关（逻辑页：M-Q102） 由就地仪表端（F）硬接线过来。 8. 高压调节阀全关（逻辑页：M-Q102） 由就地仪表端（F）硬接线过来。 9. 中压电磁阀全关（逻辑页：M-Q102） 由就地仪表端（F）硬接线过来。 10. 中压调节阀全关（逻辑页：M-Q102） 由就地仪表端（F）硬接线过来。 11. 低压电磁阀全关（逻辑页：M-Q102） 由就地仪表端（F）硬接线过来。 12. 低压调节阀全关（逻辑页：M-Q102） 由就地仪表端（F）硬接线过来
逻辑页	M-Q257

3.1.1.2 燃机启动各阶段简述

燃机启动过程大致分为盘车转速、升速至清吹转速并吹扫、吹扫完成降速点火、点火完成升速至额定转速、并网带负荷五个阶段，其中转速和负荷随时间变化趋势如图 3-1 所示。

各阶段的详细过程如下：

第一阶段：盘车状态。

在此阶段燃机在盘车带动下以 3r/min 的转速连续运行，盘车装置的作用主要有：

（1）在机组停运后，防止转子受热不均产生弯曲而影响再次启动或损坏设备。

（2）减少机组启动时的转子转动惯性力。

（3）机组大小修后，进行机械检查，确认机组是否存在动静摩擦，主轴弯曲变形是否正常等。

待燃机启动条件全部满足后，燃机主控制系统（GT CONTROL）会发

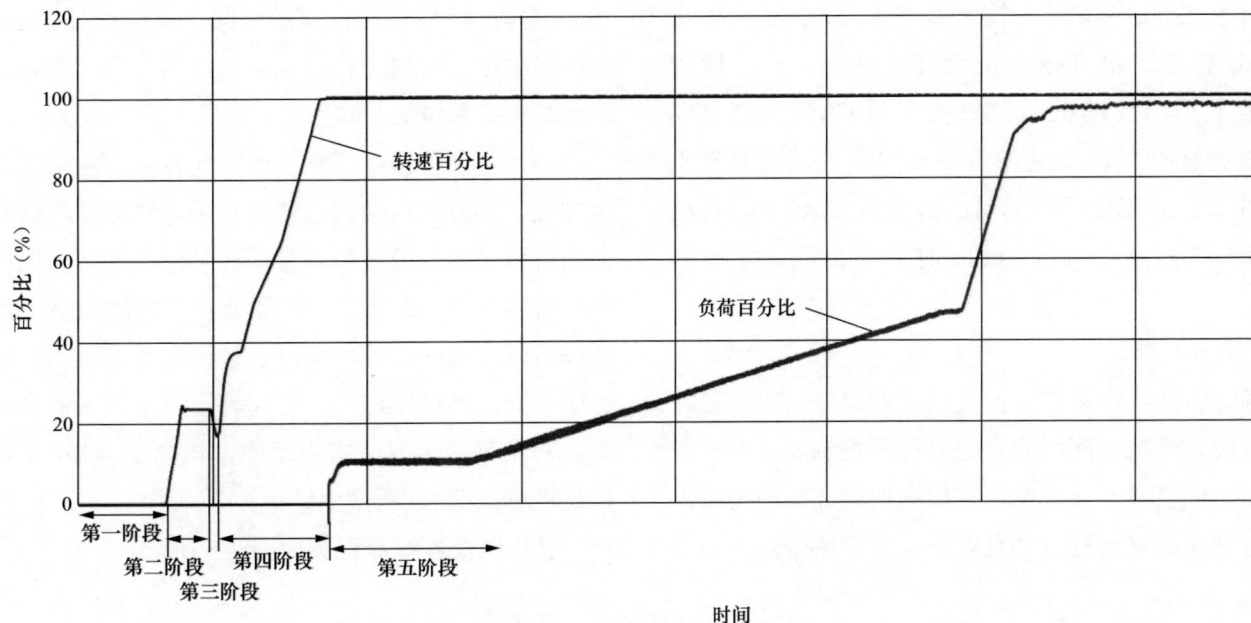

图 3-1　启机过程中转速、负荷曲线图

出 "READY TO START" 信号，燃机进入待启动状态。

第二阶段：SFC 启动，机组转速从盘车转速升至吹扫转速。

操作员选择 NORMAL 模式并发出 START 指令后，燃机主控制系统会给 SFC 发出启动指令和高速盘车请求指令。SFC 开始启动驱动燃机转速向目标值（700r/min）提升。燃机主控制系统实时监测燃机转速，当燃机转速升至点火转速（550r/min）时，燃机主控制系统内部计时逻辑开始 800 s 倒计时，此倒计时时间即为燃机在高速盘车状态下的运行时间。高盘的目的是利用燃机高速盘车时压气机产生的气流吹扫燃机燃烧通道，为即将到来的点火阶段做准备。当主控制系统识别到燃机转速升至 700r/min 时，主控制系统向 SFC 装置发出高速盘车保持信号，此时 SFC 会停止升速，保持燃机以 700r/min 速度运行至吹扫倒计时结束。

第三阶段：吹扫完成，降速点火。

当高速盘车倒计时时间结束后，燃机控制系统向 SFC 装置发出低速盘车信号，SFC 装置控制燃机转速向低速盘车转速（即点火转速 550r/min）下降。当控制系统识别出燃机转速降至 550r/min 时，控制系统向 SFC 装置发出低速盘车保持信号，SFC 驱动燃机维持 550r/min 运行。与此同时控制系统发出点火命令，控制点火器投入、燃料投入，燃机进入点火状态。待燃机火检装置识别出燃机点火成功，控制系统向 SFC 装置发出全力输出指令，此时 SFC 输出力矩与燃机输出力矩共同驱动燃机转速上升。

第四阶段：点火成功升速至额定转速 3000r/min。

燃机点火成功后在 SFC 输出转矩和自身输出转矩驱动下升速。当控制系统识别燃机转速到达 2200r/min 时，控制系统向 SFC 发出停止运行指令，SFC 开始退出运行，燃机开始自主运行升速。在这一阶段燃料限制控制 FLCSO 的值最小，故燃机的燃料投入量 CSO 指令主要 FLCSO 的限制。FLCSO 是开环控制，不受任何反馈限制，其值是在主控制系统逻辑中根据燃机 GT SPEED 和 COMB SHELL PRES 的实测值进行函数运算得出。当燃机转速上升至 3000r 时，燃机燃料量转为 GOVERNOR 控制。

第五阶段：额定转速并网升负荷。

燃机带动发电机达到额定转速，由操作人员发出并网命令，发电机并网后，燃机进入定速运行阶段。燃机并网后的定速阶段，控制相比并网前升速阶段的控制要复杂得多。燃机并网后，燃机需根据电网需求改变输出功率，同时还要求能够保持额定转速运行，并且要保证自身燃烧安全，所以这一阶段的控制比较复杂。

3.1.1.3　燃机启动详细流程图

当燃机启动条件全部满足后，按如下操作即可启动燃机，燃机顺控启动流程图如图 3-2 所示。

3.1.2　停机顺控

机组的停运包括"正常停运""滑参数停运"和"紧急停运"三种方式，其定义如下：

（1）正常停运：指在正常运行时，按照调度命令或运行计划使机组按正常停机的停运方式。正常停机过程中逐步减少燃料量，直到机组打闸遮断才切断燃料。在正常停机中燃机的 T_3 温度逐步下降，热通道部件能够得到均匀地冷却，有利于延长机组的寿命，如果停机过程中参数控制不当，将产生较大的应力，影响机组使用寿命。

（2）滑参数停运：是在机组大小修前，为了使机组缸温降低到较低水

平，缩短停机后自然冷却的时间，以便进行停运盘车、锅炉放水等操作，从而尽早进行检修工作而采取的停运方式。其与正常停运区别不大，只是停运时的参数较低，时间较长。

（3）紧急停运：指危及人身和设备安全情况下必须立即遮断机组的停运方式。其分为自动紧急停机和手动紧急停机两种：自动紧急停机由机组保护自动完成，当机组异常运行时，参数达到保护定值，控制系统自动切断燃料实现紧急停机，手动紧急停机是通过按下燃机或汽机控制台紧急停机按钮或汽机前箱的紧急停机按钮来实现。由于是直接打闸熄火，T_3 温度迅速下降，热通道部件、缸体等均产生很大的热应力，严重影响机组的寿命。如满负荷情况下机组跳闸，相当于 200h 等效运行时间，由此可见保护跳机对机组的损伤程度。

燃机顺控停机流程图如图 3-3 所示。

3.2　子组顺控

3.2.1　清吹系统

当燃料以预混模式燃烧时，燃料吹扫系统向扩散燃料母管提供高流速的吹扫空气。当以扩散方式燃烧时，燃料吹扫系统向燃料预混母管提供低流速的吹扫空气进行吹扫，同时维持预混燃料母管的温度防止冷凝物的形成。吹扫空气来自压气机的排气。

1. 扩散燃料母管吹扫

当燃机以预混模式运行时，燃料清吹系统接收来自压气机的排气对扩散母管进行吹扫。清吹空气流经两个燃料清吹阀到达扩散燃料母管。

对于扩散燃料母管的清吹，清吹阀 1 通过允许仪用空气流经快速排放阀 1 进行控制。快速排放阀 1 的开启由相应的电磁阀 1 进行控制。当电磁阀带电，仪用空气使清吹阀 1 打开，允许清吹空气流过。

正常启动

信号复归
(1) 在DCS主保护画面上复位余热锅炉和汽机主保护跳闸信号。
(2) 在燃机OPERATION画面上点"RESET"按钮复位跳闸信号。
(3) 复归燃机发电机保护A、B屏报警信号。
(4) 复归燃机励磁控制屏报警信号。
(5) 复归燃机SFC控制屏报警信号。

AVR MODE Select（自动电压调节模式选择）
燃机GENERATOR OPERATION MONITIOR 2画面
正常开机选择"VOLTAGE CONSTANT"

模式选择
(1) OPERATING SELECT: GTC-OPS/DCS，正常开机选GTC-OPS。
(2) START MODE SELECT: NORMAL/SPIN，正常开机选NORMAL。
(3) ALR MODE SELECT: ALR ON/ALR OFF，正常开机选ALR ON。
(4) OPERATION MODE SELECT: GOVERNOR/LOAD LIMIT，正常开机选GOVERNOR。
(5) FUEL GAS CALORIE METER: A ON/A OFF;B ON/B OFF，正常开机选A ON、B ON。
(6) ADVANCED CPFM AUTO ADJUSTMENT CONTROL: ON/OFF，正常开机选SFC SELECT
(7) SFC SELECT: SFC SELECT/SFC RESET，正常开机选SFC SELECT

启动条件检查
按照3.2.1.1.1分析的启动条件信号逐一检查

〈启动条件满足〉
不满足
满足

(1) GT OPERATION画面上"READY TO START"显示红色。
(2) GT OPERATION画面上"TURNING MOTOR RUN"显示红色。
(3) GT OPERATION画面上LP BLV CLS、MP BLV CLS、HP BLV CLS显示红色（三个防喘放气阀关闭）

在GT OPERATION画面上选择"START"，点"START"和"EXEC"按钮，检查以下设备动作：
(1) 压力控制阀B开至40%左右，开启时间90s，排出压力控制阀和流量控制阀之间管线的天然气。
(2) 检查燃机SFC隔离开关动作正常，发电机中性点接地开关分闸。
(3) 检查燃机发电机励磁变压器低压侧开关MDS-5已分闸，启动励磁变压器低压侧开关MDS-4已合闸。
(4) DCS检查SFC至发电机发电机启动刀闸已合闸，并与就地核对一致。
(5) 6kV检查启动励磁变高压侧开关已合闸，检查天磁摩开关已合闸，转速开始上升，盘车自动脱扣；
(6) 励磁系统投入，各整流柜风机自动运行，在GENERATOR OPERATION MONITIOR 2画面上AVR MODE由"VOLTAGE CONTANT"自动切至"FIELD CONSTANT"模式。
(7) 检查燃机高、中、低压防喘阀打开。
(8) 检查燃机壳体冷却空气断阀和壳体冷却空气供气阀关闭。
(9) 检查燃机IGV由10.64%（34°）开至37.23%（21.5°）（压气机进气温度修正）。
(10) 燃机转速由300r/min时，盘车电机停运，TCA气侧A流水阀关闭。
(11) 燃机转速500r/min时，开始清吹计时480s（含燃机降速至点火转速 约550r/min，根据环境温度变化），检查以下设备动作正常：
1）燃机安全油压建立，燃料排空阀关闭，燃料关断阀打开；
2）燃机燃料压力控制阀B开启，流量控制阀前压力1.5MPa左右；
3）当燃机"FUEL GAS ON"灯亮10s内，同时出现"FLAME 18号 ON"和"FLAME 19号 ON"，指示灯亮，点火程序完成

（接下页）

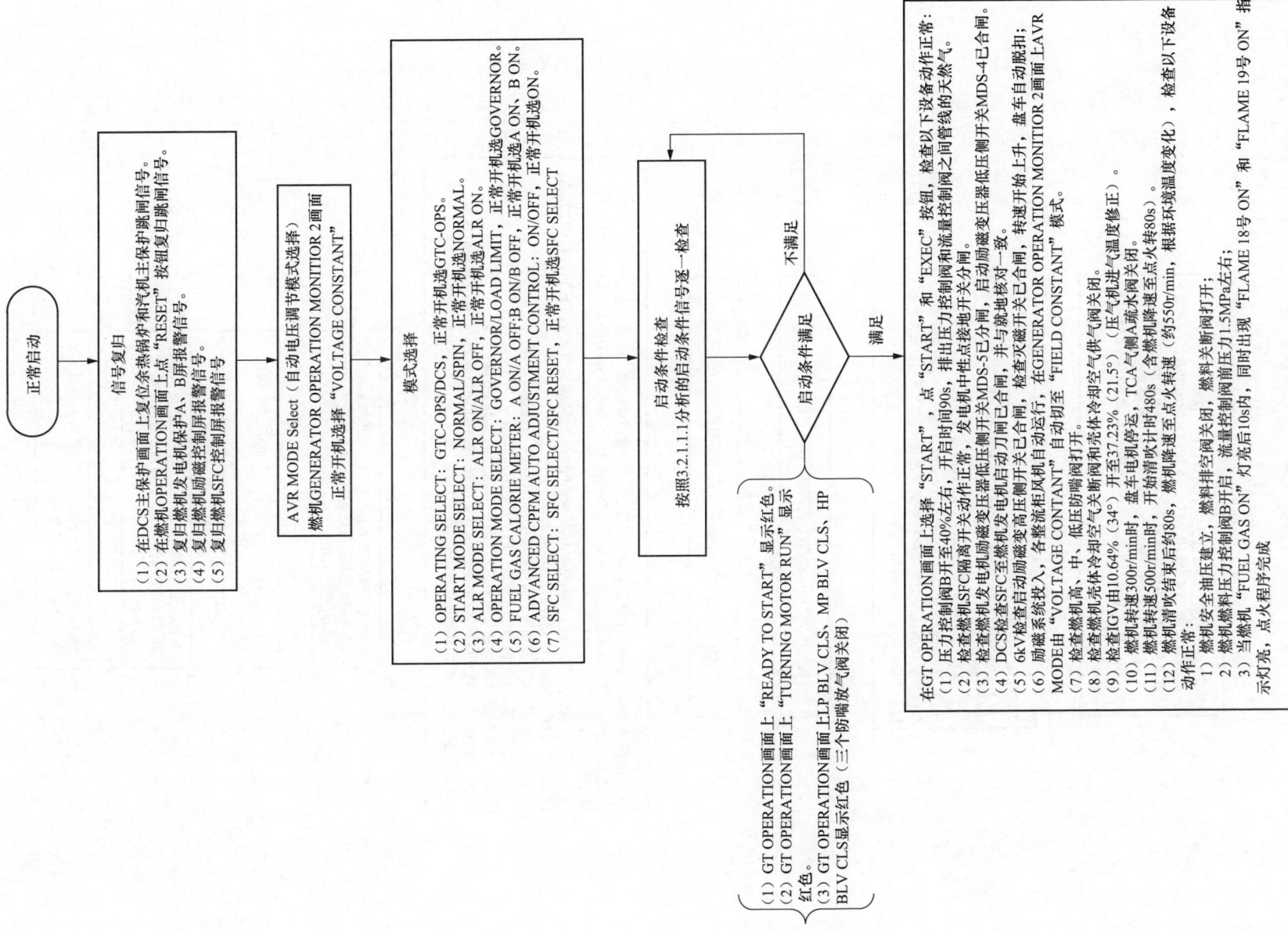

图 3-2 燃机顺控启动流程图（一）

检测燃烧器是否有火

否 → 燃机跳机，发 "FLAME OUT TRIP" 报警

是 ↓

燃机点火成功后，检查确认以下设备运行正常：
（1）燃机供油润油回油温度46℃，压力0.190MPa左右，1～5号轴承温度和回油温度没有明显上升，各轴承振动值无异常。
（2）氢气压力大于0.330MPa，天然气压力和温度正常。
（3）BPT温度偏差不超过±60℃保护未动作，超过±80℃保护打闸停机，立即打闸停机

↓

升速期间，仔细检查以下情况：
（1）燃机转速1100r/min左右，燃烧室旁路阀关至40%左右（压气机进气温度修正）；
（2）燃机转速升至1500r/min，压控A阀渐开启；
（3）燃机转速升至1500～2000r/min，检查燃机是否发生转速失速，监视燃机振动及轴承振动值是否正常。当燃机任意一振动值达到跳机值，手动打闸燃机

↓

燃机转速为2000r/min时，延时30s TCA气侧B疏水阀打开

↓

燃机转速为2050r/min时，高压防喘放气阀关闭

↓

燃机转速为2200r/min时，TCS发停SFC的指令，SFC逐渐降低输出电流，SFC逐渐退出运行，TCS画面上 "STARTING DEVICE RUN" 灯熄灭，延时80s（燃机转速为2400r/min左右）SFC装置退出运行，在GENERATOR OPERATION MONITIOR画面上AVR MODE自动切换为 "VOLTAGE CONSTANT" 模式，检查以下设备：
（1）检查灭磁开关已分闸，TCS发SFC离磁变压器高压侧开关已分闸，并就地核对一致；
（2）DCS检查SFC离磁变压器高压侧开关已分闸，并就地核对一致；
（3）就地检查SFC谐波进线开关DS-HAME已分闸，并与就地核对一致；
（4）DCS检查燃机发电机启动励磁变压器低压侧开关MDS-4已分闸，励磁变压器低压侧开关MDS-5已合闸，检查励磁装置无告警信号；
（5）就地检查燃机发电机启动励磁变压器低压侧开关MDS-5已合闸，检查励磁装置无告警信号；

↓

燃机转速为2400r/min左右时，压控阀后压力升至3.8MPa左右（压控阀后面压力在转速为1600r/min时开始上升）

↓

燃机转速为2745r/min时，IGV由37.23%（21.5°）关至10.64%（34°）

↓

燃机转速为2815r/min（93.8%额定转速）时，低压防喘放气阀关闭，延时5s中压防喘放气阀关闭

↓

燃机转速为2940r/min时，关闭汽机凝结水至高压给水泵进口调节阀

（接下页）

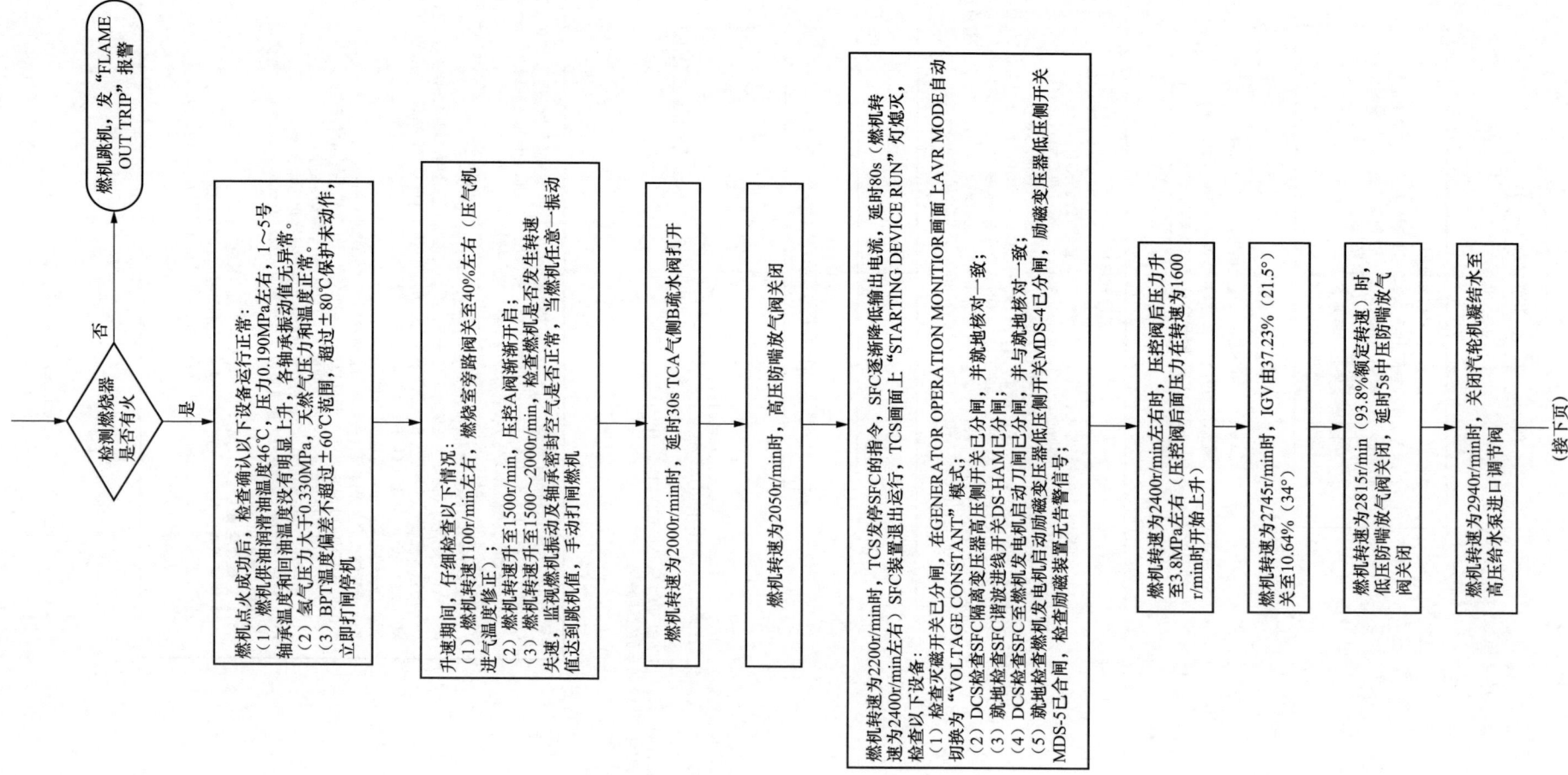

图3-2　燃机顺控启动流程图（二）

程序结束
空载（FSNL）运行状态

↑ 否

◇ 是否需要并网

↓ 是

燃机发电机并网

（1）发电机并网条件：
1）发电机电压与系统电压相等；
2）发电机频率与系统频率相等；
3）发电机与系统相位一致；
4）发电机相序与系统相序一致。
（2）检查发电机发电机空载运行正常，在GENERATOR OPERATION MONITIOR 2画面中记录：励磁电压和励磁电流。
（3）在DCS合上燃机发电机出口刀闸，检查燃机主变高压侧开关已合闸。
（4）在GENERATOR OPERATION MONITIOR 2画面中检查 "AVRMODE" 中选择 "VOLTAGE CONSTANT"，"FP/VARMODE" 中选择 "EXCLUDED"。
（5）在GENERATOR OPERATION MONITIOR 2画面中合上励磁并关41E，检查并记录：FIELD VOLTAGE（励磁电压），FIELD CURRENT（励磁电流），发电机定子电压。
（6）在TCS主画面，检查ALRSET值为15MW，否则手动调至15MW。
（7）根据系统频率，适当调整燃机组转速和系统频率接近。
（8）在TCS上GENERATOR OPERATION MONITIOR 2画面 "GEN SYN. MODE" 中选择 "SYNCHRO AUTO"。
（9）在DCS燃机同期对话框中选择同期点并确认。
（10）在DCS燃机同期对话框中点击 "请求同期" 并确认。
（11）待燃机 "同期启动允许" 信号满足，"AUTO" 灯亮。
（12）在DCS燃机同期对话框中点击 "启动同期工作" 并确认。（指令变红说明指令据令发出）
（13）燃机发电机同期开关自动合闸，并网后带负荷初始负荷15MW，TCS上GENERATOR OPERATION MONITIOR 2画面中 "GEN. SYN. MODE" 的 "AUTO" 灯灭。检查发电机有功、无功、定子电压、定子电流、功率因素等正常。
（14）检查燃机发电机并关已合闸。
（15）在TCS上GENERATOR OPERATION MONITIOR 2画面中 "GEN. SYN. MODE" 显示为 "OFF"

（1）燃机转速3000r/min，确认以下应响应正常：
1）燃机顶环燃料控制阀延时5s打开；
2）燃机OPERATION画面 "RTD Speed" 信号灯亮；
3）燃机TCA气侧B侧疏水阀关闭；
4）延时5s，检查IGV关到0%，现场显示39°。
（2）燃机转速3000r/min，检查以下设备：
1）供油润滑油温，压力，1～5号轴承温度和回油温度正常；
2）各轴承振动值正常；
3）控制油压力正常，温度正常；
4）氢气压力正常，纯度合格；
5）天然气压力正常；
6）BPT温度偏差不超过±60°C范围，超过±80°C保护未动作，立即打闸停机；
7）EXT温度偏差小于45°C；
8）轮间温度显示正常

燃机发电机带负荷运行

（1）在OPERATION画面中点击 "ALR SET" 按钮，在画面上点击 "△" "▽" 进行加减负荷。
（2）在升负荷时，特别注意燃机励磁控制方式在 "VOLTAGE CONSTANT"，如果在 "FILED CONSTANT" 控制，原因不清不得随意接地点接地开关。
（3）根据负荷要求逐步退出燃机发电机主变压器中性点接地开关。
（4）在DCS燃机OPERATION对话框中点合闸，并网后带负荷15MW左右（具体负荷要求根据需要热起机要求）
（5）机组总负荷升至50MW左右，并网后带负荷270MW时，全面检查机组运行正常。
（6）在燃机OPERATION画面上控制模式 "OPERATING SELECT" 上点 "DCS控制" 按钮，燃机控制模式切换为DCS控制，并DCS "机组负荷控制中心" 画面上点击 "DCS" 按钮，同时在DCS "机组负荷控制中心" 画面上投入AGC。
（7）向值长申请投入AGC，许可后在DCS "机组负荷控制中心" 画面上投入机组运行AGC。
（8）全面检查燃机运行参数：
1）润滑油温度，压力；轴承温度，推力瓦温；振动；天然气压力；温度等。
2）检查TCA流量正常，进出口冷却空气压力；
3）发电机定子、铁芯温度正常，冷点、露点、热氢温度等各参数正常

燃机启动完毕

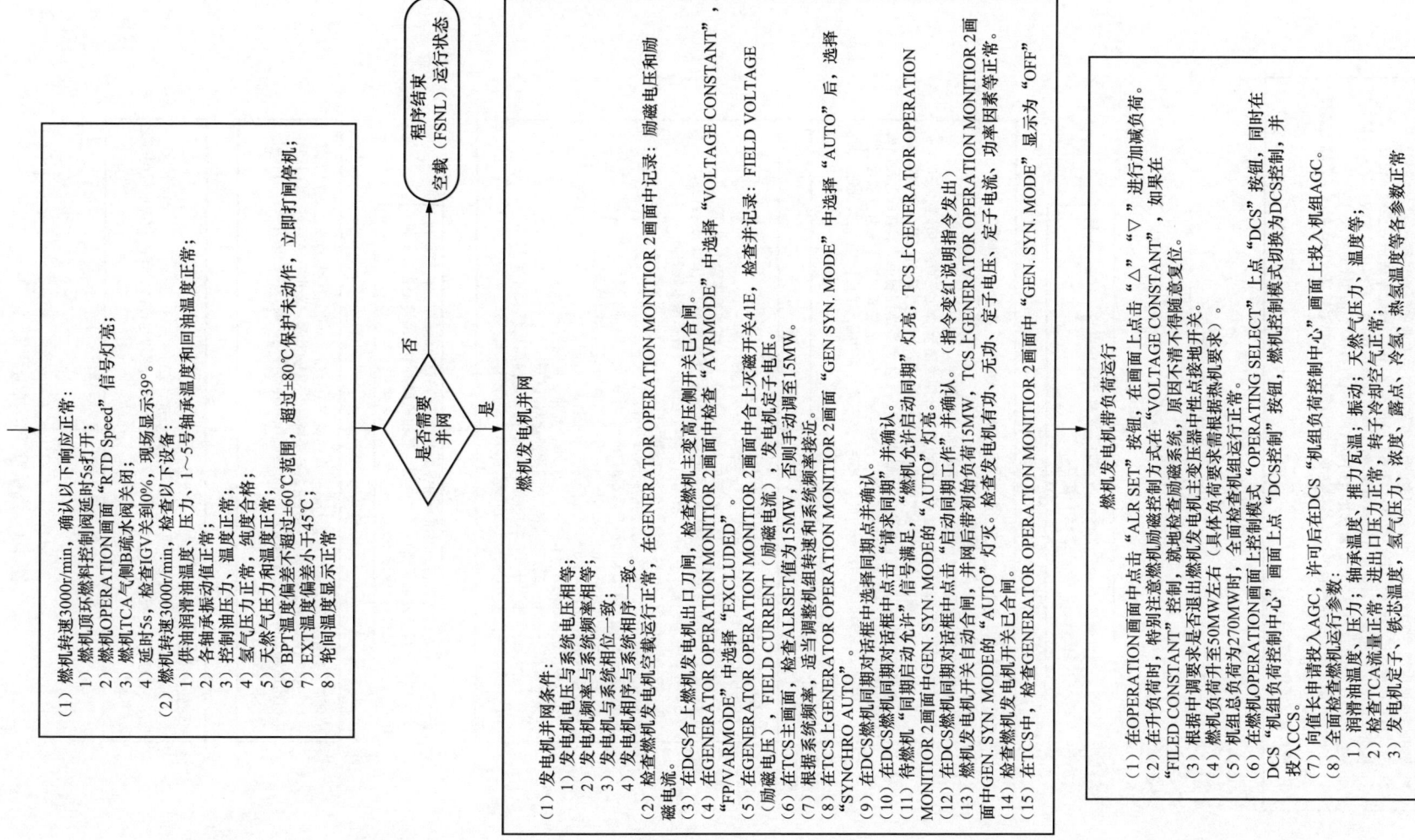

图3-2　燃机顺控启动流程图（三）

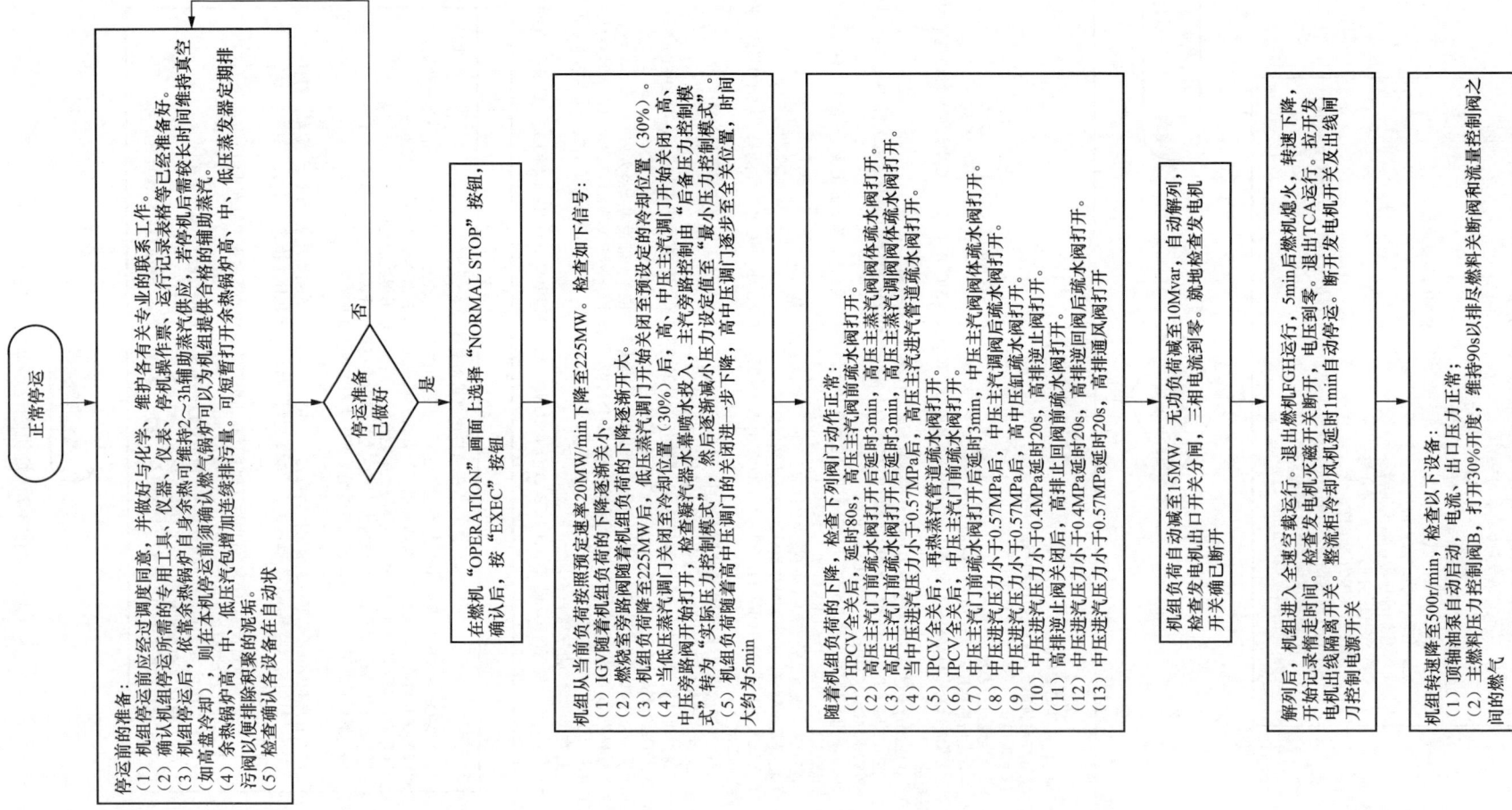

正常停运

停运前的准备：
(1) 机组停运前应经过调度同意，并做好与化学、维护各有关专业的联系工作。
(2) 确认机组停运所需的专用工具、仪器、仪表、停机操作票、运行记录表格等已经准备好。
(3) （如高压冷却）依靠本机停运后自身余热可以维持2～3h辅助蒸汽供应，若停机后需较长时间维持真空。
(4) 余热锅炉停运后须确认燃气锅炉高、中、低压汽包增加连续排污量。可短暂打开余热锅炉高、中、低压锅炉定期排污阀以便排除积累的泥垢。
(5) 检查确认各设备在自动状态。

停备准备已做好　否／是

在燃机"OPERATION"画面上选择"NORMAL STOP"按钮，确认后，按"EXEC"按钮

机组从当前负荷按照预定速率20MW/min下降至225MW。检查如下信号：
(1) IGV随着机组负荷的下降逐渐关小。
(2) 燃烧室旁路阀随着机组负荷的下降逐渐开大。
(3) 机组负荷降至225MW后，低压蒸汽冷却阀打开。
(4) 当低压旁路阀开始打开至冷却位置（30%），检查凝结泵水幕喷水阀投入，高、中压主汽调门开始关闭，主汽旁路控制由"后备压力控制模式"转为"实际压力控制模式"，然后逐渐减小压力设定至"最小压力控制模式"，时间大约为5min。
(5) 机组负荷随着高中压调门的关闭进一步下降，高中压调门逐步关至全关位置，时间大约为5min。

随着机组负荷的下降，检查下列阀门动作正常：
(1) HPCV全关后，延时80s，高压主汽阀前疏水阀打开。
(2) 高压主汽门前疏水阀打开后延时3min，高压主蒸汽阀体疏水阀打开。
(3) 高压主汽门前疏水阀打开后延时3min，高压主蒸汽调阀疏水阀打开。
(4) 当中压进汽压力小于0.57MPa后，高压主进汽管道疏流水阀打开。
(5) IPCV全关后，再热蒸汽管道疏水阀打开。
(6) IPCV全关后，中压主汽门前疏水阀打开。
(7) 中压主汽门前疏水阀打开后延时3min，中压主汽调阀疏水阀打开。
(8) 中压进汽压力小于0.57MPa后，中压主汽调阀阀体疏水阀打开。
(9) 中压进汽压力小于0.57MPa后，高中压缸疏止疏水阀打开。
(10) 高排逆止阀关闭后，高排止回疏水阀打开。
(11) 高排逆止压力小于0.4MPa延时20s，高排逆止阀打开。
(12) 中压进汽压力小于0.4MPa延时20s，高排逆止回阀后疏水阀打开。
(13) 中压进汽压力小于0.57MPa延时20s，高排通风阀打开。

机组负荷自动减至15MW，无功负荷减至10Mvar，自动解列，三相电流减至零。就地检查发电机出口开关分闸，三相电流确认已断开

解列后，机组进入全速空载运行。退出燃机FGH运行，5min后燃机熄火，转速下降，退出TCA运行。拉开发电机灭磁开关，电压到零。拉开发电机出线刀，电机出线隔离刀开关。断开发电机开关及出线刀开关断开，整流柜冷却风机延时1min后自动停运
开始记录停机时间。

机组转速降至500r/min，检查以下设备：
(1) 顶轴油泵自动启动，电流、出口压力正常；
(2) 主燃料压力控制阀B，打开30%开度，维持90s以排尽燃料关断阀和流量控制阀之间的燃气

（接下页）

图3-3　燃机顺控停机流程图（一）

机组转速降至300r/min，检查盘车装置润滑油供油电磁阀打开，供油压力正常

机组转速降至120r/min，检查透平壳体冷却空气关断阀和透平壳体冷却空气供给阀打开

机组转速为零后动关闭余热锅炉出口挡板，此时需检查机组如下设备状态：
(2) 燃料关断阀已关闭。
(3) 燃料排放阀已开启。
(4) 燃料压力控制阀A已关闭。
(5) 燃料压力控制阀B已关闭。
(6) 主燃料（A）流量控制阀已关闭。
(7) 主燃料（B）流量控制阀已关闭。
(8) 燃料tophat流量控制阀已关闭。
(9) 值班燃料流量控制阀已关闭。
(10) 高压主蒸汽阀已关闭。
(11) 中压主蒸汽阀已关闭。
(12) 低压主蒸汽电动阀已关闭。
(13) 低压主蒸汽阀已关闭。
(14) 低压主蒸汽调阀已关闭。
(15) 燃机高、中、低压防喘放气阀，开启约20min后关闭。

余热锅炉停炉
(1) 燃机熄火后，控制锅炉水位高于低水位，监视汽包压力。
(2) 关闭高、中压汽包连续排污阀。
(3) 关低压省煤器再循环阀，停低压省煤器循环泵，停用高压给水泵及中压给水泵。
(4) 锅炉上水到高水位后，炉膛仍有热容量，中压、低压系统压力容易上升，压力超过额定压力，低压系统进行泄压。
(5) 机组停机后，炉膛仍有热容量，中压、低压系统进行泄压。定值时可打开排气阀启动排气阀门对中、低压系统进行泄压

是否需要破坏真空　　否／是

破坏真空
(1) 确认机组处于干盘车状态，中、低压旁路阀关闭，撤出中、低压旁路自动。
(2) 停真空泵，开启真空破坏门。
(3) 检查低压缸喷水减温阀打开，若低压缸排汽温度超过70℃，破真空过程中，停真空破坏系统运行。
(4) 真空到零后，停止机组抽真空。
(5) 停轴封加热器后，关闭机组轴封压力控制阀。
(6) 关闭锅炉中压过热蒸汽出口电动阀，停止辅助蒸汽供应。

是否需要停运循环水系统　　否／是

循环水系统停运
(1) 低压缸排汽温度稳定到50℃以下且轴封已撤出后，根据实际情况启动化水升压泵，停止循环水泵运行，检查低压缸排汽温度无明显升温后，关闭低压缸后缸喷水，水幕喷水，停凝结水泵运行
(2) 停循环水泵后，检查低压缸排汽温度升温度无明显升温度后，关闭低压缸后缸喷水，水幕喷水，水泵结水泵

停运结束

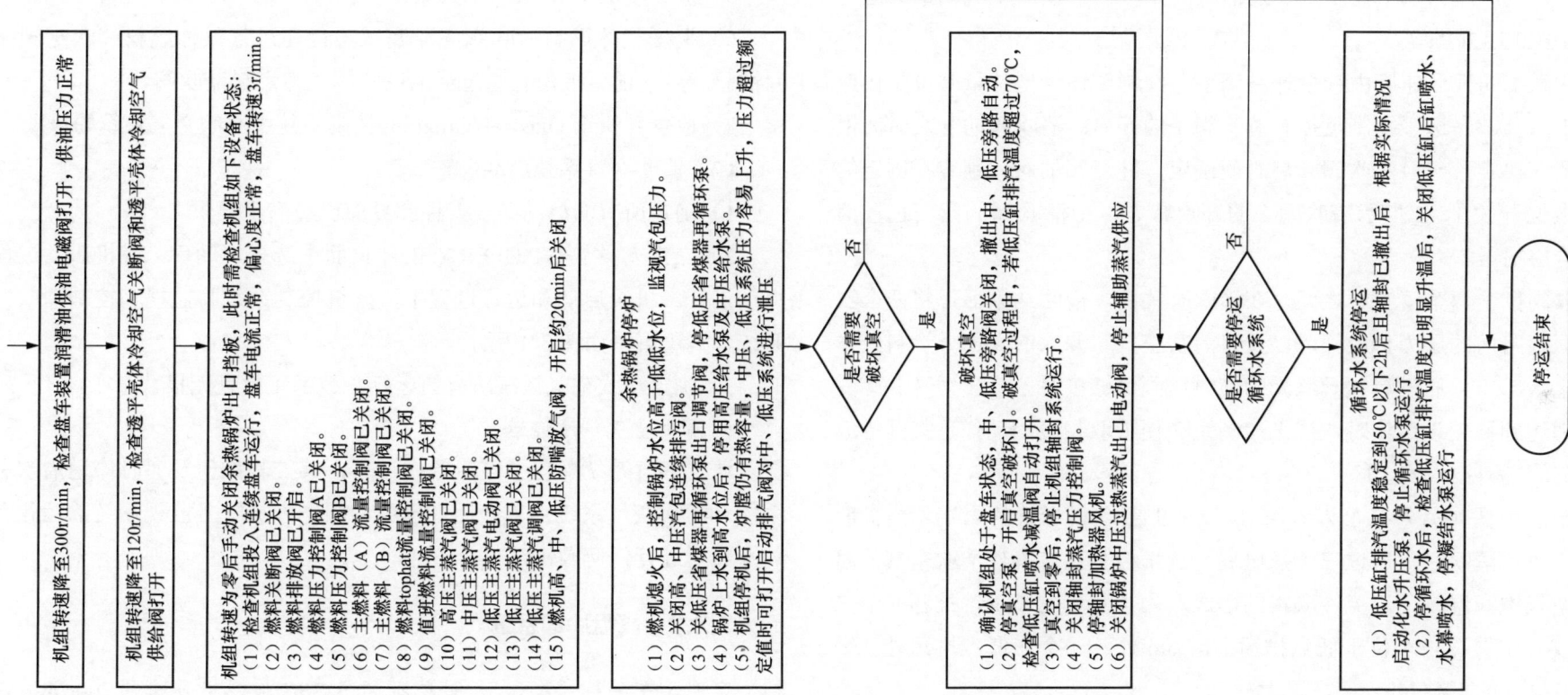

图3-3 燃机顺控停机流程图（二）

同样，清吹阀 2 通过允许仪用空气流经快速排放阀 2 进行控制。快速排放阀 2 的开启由相应的电磁阀 2 进行控制。流过清吹阀 2 执行机构的仪用空气量由通有 4～20mA 电流的清吹阀定位器进行控制，当 4mA 时，0% 行程，清吹阀全关，20mA 时，100% 行程，清吹阀全开。清吹阀定位器通过清吹阀满行程动作，从 0%（全关）到 100%（全开），向清吹系统逐渐提供清吹空气。压力调节器限制通过清吹阀定位器的仪用空气的最大压力 342.6kPa±115.12kPa。

清吹阀 1 的开启速度由针型计量阀手动控制，该针型计量阀位于快速排放阀 1 的上游。透平控制盘控制清吹阀 1 的开启。清吹阀的开启时间根据设计要求决定，一旦清吹阀开启时间确定，针形阀的阀门锁定在固定的位置。限位开关 1、2 指示清吹阀 1 的开启状态，把清吹阀的阀门位置信号提供给控制器。

排放阀位于两个清吹阀之间，在清吹时关闭，清吹结束后，将两个吹扫阀之间管路内的压力释放掉，以及将清吹空气和漏入的少部分燃料气体排入安全区。一旦通过清吹阀泄漏的燃料达到足够多时，当压力开关感受管内压力达到预先设定值时，透平控制系统便采取相应的动作，打开排放阀将泄漏的燃料排入安全区。

三个热电偶（另外三个为备用），位于扩散燃料母管的末端。当扩散燃料母管进行清吹时，通过三个热电偶，透平控制系统确保清吹空气的温度高于空气饱和温度，避免冷凝物的形成。为了测量的精确，推荐三个热电偶的安装位置，一个位于低点排污上游 6in 处，一个在低点排污处，一个在低点排污的下游 6in 处。

2. 预混燃料吹扫

清吹系统中，多了一个流量调节孔板，目的是当燃用液体燃料时，提供低速连续的吹扫空气对预混母管进行吹扫。

（1）启动前准备：

1）清吹空气系统检修工作全部结束，工作票终结，安全设施拆除，现场清洁。

2）检查设备系统完好，各表计齐全良好，仪表一、二次阀门开启。

3）检查冷却与密封空气系统运行正常。

4）检查气体燃料系统运行正常。

5）检查废水排放系统已投入。

6）根据气体燃料清吹阀座泄漏试验程序进行气体燃料清吹阀阀座泄漏试验。启动前更换没有通过泄漏试验的气体燃料清吹阀。

7）检查并纠正 Diasys Netmation 控制系统中清吹空气系统的报警。

（2）清吹空气系统启动：

1）确定所有的启动必要条件和界面已经满足要求。

2）操作人员从 GT OPERATION 页面中选择启动后，燃机启动过程便自动进行。机组启动和运行过程中，燃机控制系统将监视和控制清吹空气系统，其逻辑图如图 3-4 所示。

3）确定清吹空气系统所有的运行参数都正常且无报警存在。

3. 清吹空气系统停运

清吹空气系统配置了停运顺控逻辑，其控制如何及何时停运清吹空气系统。清吹空气系统正常停运过程中，操作人员除了监视系统的运行参数外不需要进行任何操作。

3.2.2 高盘冷却系统

高速盘车简称"高盘"，是单独通过 SFC 将燃机升速到 700r/min 左右并保持运行的一种运行状态。

1. 高盘的主要目的

（1）在燃机启动过程中如果点火失败，则必须通过高盘来排出过渡段内的残余燃气，防止再次点火时发生爆燃事故。

ST COOLING STEAM RTS

汽机冷却蒸汽准备启动

GT SGAS

选择气体燃料

GT FUEL GAS HEATER INLET FEED WATER FLOW NORMAL

燃气加热器入口给水流量正常

GT CASING COOLING SEQUENCE COMPLETE

燃机壳体冷却流程完成

TCA COOLER FEED WATER TEMP & FLOW NORMAL

TCA冷却器给水温度和流量正常

GT SPIN

盘车投入

L4 (MASTER ON)

燃机主保护投入

GT STARTING DEVICE LOW SPEED KEEP SIGNAL

SFC低转速自持

GT ACCELERATION

燃机加速

GT HIGH SPEED SPIN COMPLETE

燃机高速盘车完成

T=20.0

T=input

GT FUEL REQUEST

燃机燃料请求

GT PURGING

燃机清吹中

GT 14 CIG (SPEED>IGNITION)

燃机转速大于点火转速（500r/min）

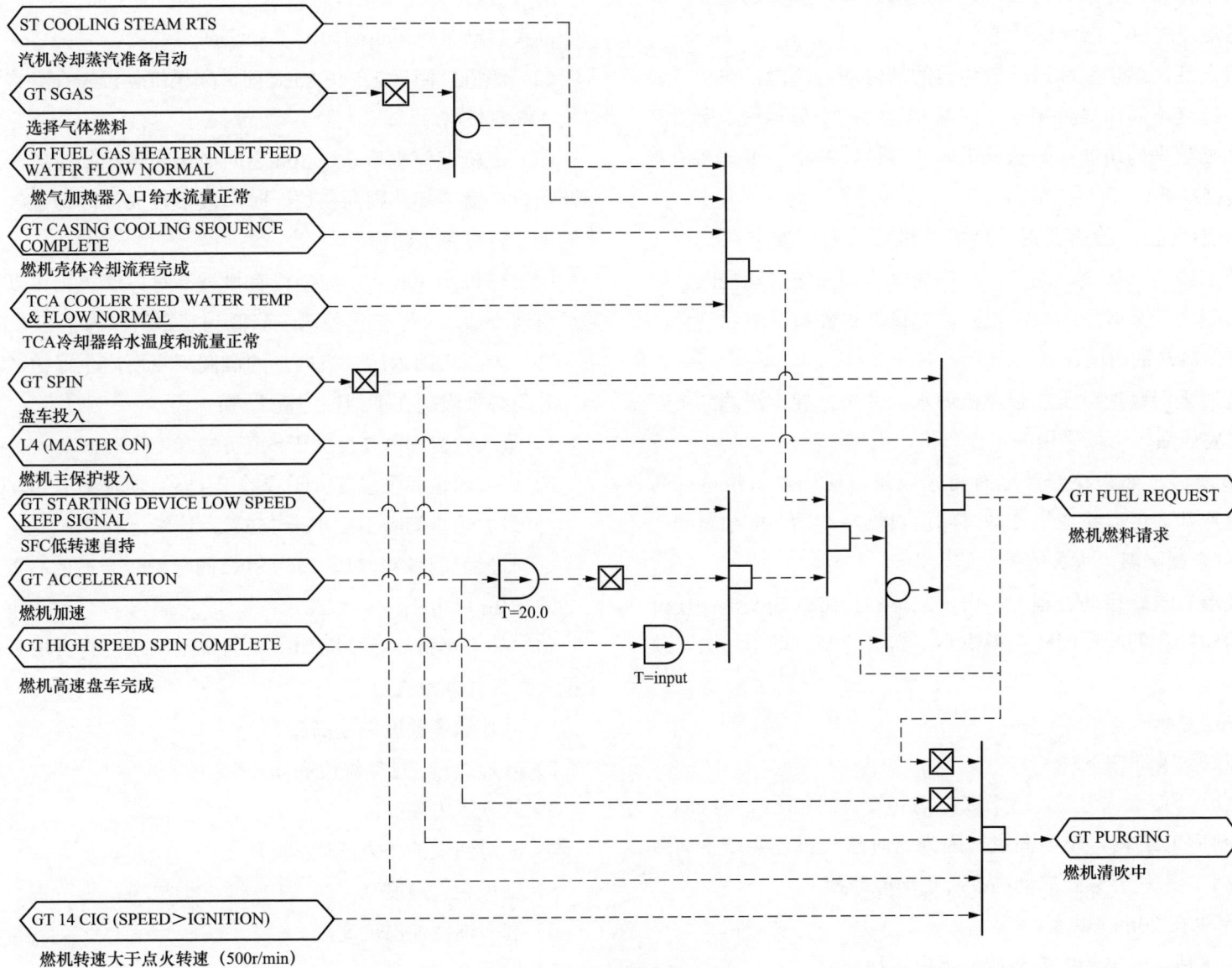

图 3-4　燃机清吹逻辑简图

（2）机组在长期停止运行或检修后，重新启动之前，可以通过高盘检查启动设备是否正常及燃机各部件是否完好。

（3）燃机停机之后，燃烧室和透平缸体内的部件均为高温，在冷却过程中容易因为冷却速度不同而导致相互之间温差过大，变形不均。所以停机之后，可以通过高盘来均匀的冷却热通道内的部件，减少上下缸体的温差，为下次启动做好准备。

（4）为了减少燃机缸体的热变形，燃机停机后，通过安装在缸体顶部和底部的热电偶监测到缸体金属温差，燃机壳体冷却系统自动投入，如果燃机壳体冷却系统由于某些原因未能投入，建议燃机停机后进行高盘冷却，高盘能缩短缸体冷却的时间。

（5）燃机水洗时采用高速盘车加强燃机内水流冲击，使水洗达到更好的效果，并且水洗完成后，可以采用高速盘车将燃机甩干。

（6）检修停机之后，如果检修计划有特别要求，应当对机组进行高盘冷却。采用高盘冷却，可以将燃机冷却时间由自然冷却的 72h 缩短到约 10h，同时能有效对余锅降温，大大缩短检修工期。

（7）在热态及温态重新启动过程中，由于缸体和内缸的热变形，使得透平以及压气机的动叶片的叶顶间隙变得很小。高盘冷却有助于增大叶顶径向间隙。

2. 高盘冷却投运原则

（1）高盘允许启动条件如下：

1）允许高盘的上下缸最大温差，透平缸：<110℃、然兼压缸：<65℃。

2）燃机在打闸后 1.5h 内，不能高盘。因为这时压气机已经产生椭圆变形，动静间隙减小，系统会禁止启动高盘防止动静摩擦。

3）惰走时间至少在 20min 以上。

4）燃机跳闸前 / 后，轴振动的趋势应与历史运行一致。

5）盘车电动机电流正常且稳定。

6）在惰走或盘车运行时，透平缸无异常声音。

高盘启动条件逻辑图如图 3-5 所示。

（2）燃机打闸后 1.5 ～ 6h 之间，如果缸体温差在允许范围内，机组可以投入高盘。

（3）燃机在停机后 6 ～ 30h 之间如果壳体冷却空气未正常投运，启动前要进行高盘冷却，因为在这一时间段不投壳体冷却空气且不投高盘，透平的上下缸温差将超标。

（4）停机约 30h 后，即使没有投过高盘，燃机仍可以再次启动，因为通过自然冷却，上下缸温差已经降低到规定值以内了。

（5）为防止因为压气机内缸的椭圆形变而产生摩擦，高盘的最大连续运行时间必须限制在下列规定值之内：

1）最大轮盘间隙温度大于或等于 220℃：3min。

2）最大轮盘间隙温度大于或等于 155℃，且小于 220℃：5min。

3）最大轮盘间隙温度小于 155℃：连续运行。

（6）进行高盘冷却时，因为 SFC 的限制，合适的高盘冷却运行持续时间必须在 2h 以内；

（7）如果燃机运行中因如下原因跳闸，在没有查出具体原因之前，禁止投入高盘并须检查：

1）叶片通道温度偏差高高。

2）叶片通道 / 排气温度高高。

3）排气压力高高。

4）润滑油供油压力低低。

5）轴承金属温度高高。

6）润滑油回油温度高高。

7）振动高高。

8）超速。

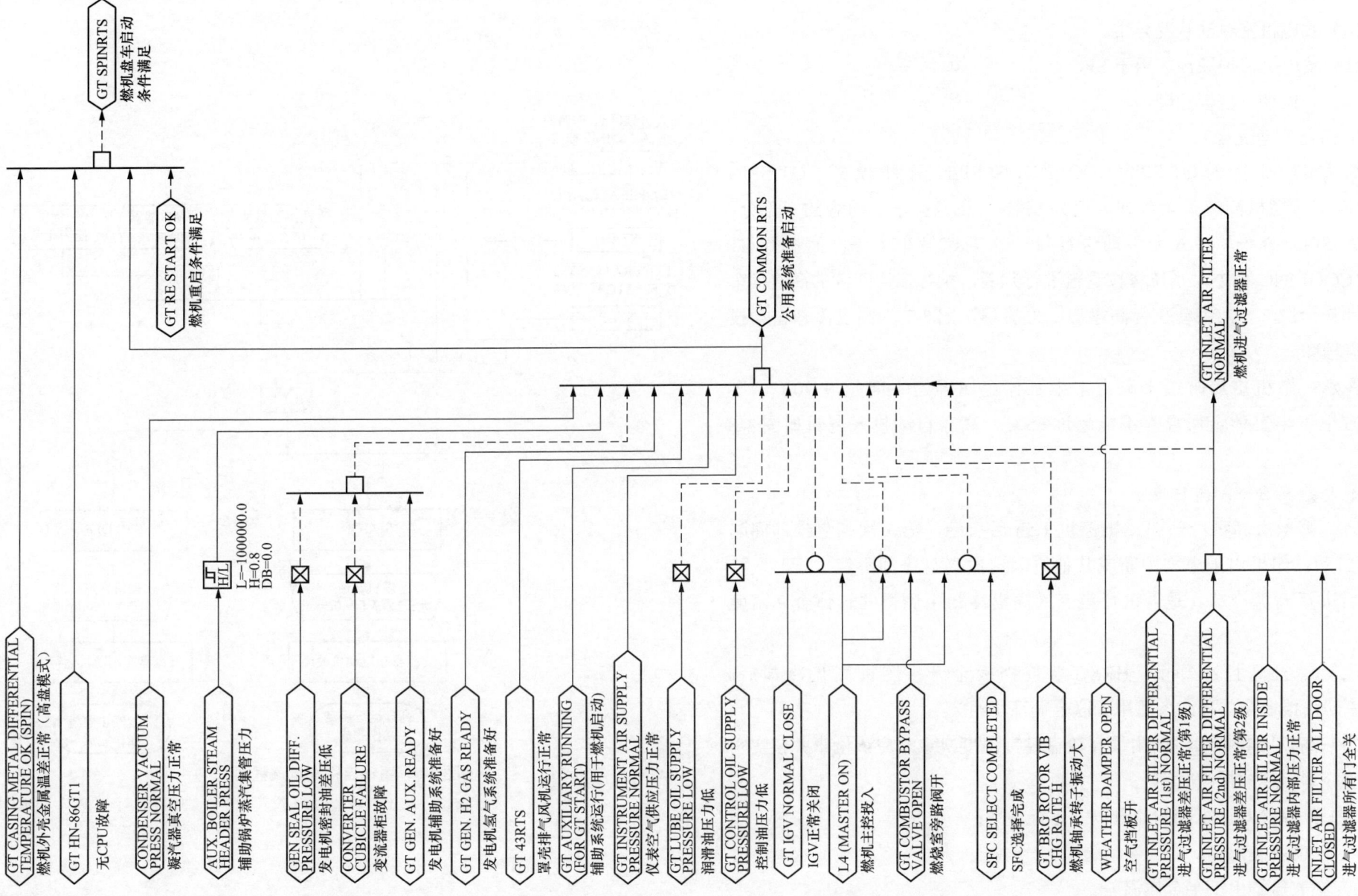

图 3-5　高盘启动条件逻辑图

GT SPINRTS　燃机盘车启动条件满足

GT RE START OK　燃机重启条件满足

GT COMMON RTS　公用系统准备启动

GT INLET AIR FILTER NORMAL　燃机进气过滤器正常

GT CASING METAL DIFFERENTIAL TEMPERATURE OK (SPIN)　燃机外壳金属温差正常（高盘模式）

GT HN-86GT1　无 CPU 故障

CONDENSER VACUUM PRESS NORMAL　凝汽器真空压力正常

AUX. BOILER STEAM HEADER PRESS　辅助锅炉蒸汽集管压力

JT H/L　L=-1000000.0　H=-0.8　DB=0.0

GEN SEAL OIL DIFF. PRESSURE LOW　发电机密封油差压低

CONVERTER CUBICLE FAILURE　变流器柜故障

GT GEN. AUX. READY　发电机辅助系统准备好

GT GEN. H2 GAS READY　发电机氢气系统准备好

GT 43RTS　罩壳排气风机运行正常

GT AUXILIARY RUNNING (FOR GT START)　辅助系统运行（用于燃机启动）

GT INSTRUMENT AIR SUPPLY PRESSURE NORMAL　仪表空气供应压力正常

GT LUBE OIL SUPPLY PRESSURE LOW　润滑油压力低

GT CONTROL OIL SUPPLY PRESSURE LOW　控制油压力低

GT IGV NORMAL CLOSE　IGV 正常关闭

L4 (MASTER ON)　燃机主控投入

GT COMBUSTOR BYPASS VALVE OPEN　燃烧室旁路阀开

SFC SELECT COMPLETED　SFC 选择完成

GT BRG ROTOR VIB CHG RATE H　燃机轴承转子振动大

WEATHER DAMPER OPEN　空气挡板开

GT INLET AIR FILTER DIFFERENTIAL PRESSURE (1st) NORMAL　进气过滤器差压正常（第 1 级）

GT INLET AIR FILTER DIFFERENTIAL PRESSURE (2nd) NORMAL　进气过滤器差压正常（第 2 级）

GT INLET AIR FILTER INSIDE PRESSURE NORMAL　进气过滤器内部压力正常

INLET AIR FILTER ALL DOOR CLOSED　进气过滤器所有门全关

9）低频。

10）发电机密封油状况异常。

11）发电机保护联锁（用于 SFC）。

12）余锅烟气挡板故障。

3. 高盘冷却流程图

高盘冷却分为 GT SPIN COOLING 和 SPIN 两种模式，GT SPIN COOLING（燃机高速盘车冷却）仅为 SPIN（高速盘车）内容的一部分，如执行 SPIN 命令，将人为手动进行每一次高速盘车启停，而执行 GT SPIN COOLING 命令，系统将按逻辑进行判断，执行多次断续的高速盘车启停动作。图 3-6 为手动执行高盘启、停流程，图 3-7 为高盘冷却自动投入的流程图。

注意：燃机重启时透平缸上下半缸体金属温差不能超过 90℃，燃兼压缸上下半缸体金属温差不能超过 65℃，高盘自动投入逻辑如图 3-8 所示。

4. 标准高盘冷却运行步骤

（1）第一次高盘冷却在燃机停机 1.5h 后启动，第二次高盘冷却间隔 1h 后启动。如果由于电力中断或其他原因造成高盘冷却不能进行时，待恢复后进行高盘冷却。是否进行第三次高盘冷却由测得的缸体金属温度确定。

（2）燃机高盘冷却前，HRSG 烟气挡板全开，燃机高盘冷却后，HRSG 烟气挡板全关（此条适用于联合循环机组）。

（3）高盘冷却持续时间由最高轮盘腔室温度决定。应该检查并核实实际高盘冷却运行的持续时间。

（4）高盘冷却运行期间监测以下运行参数：

1）轮盘腔室温度。

2）燃兼压缸上下半金属温差。

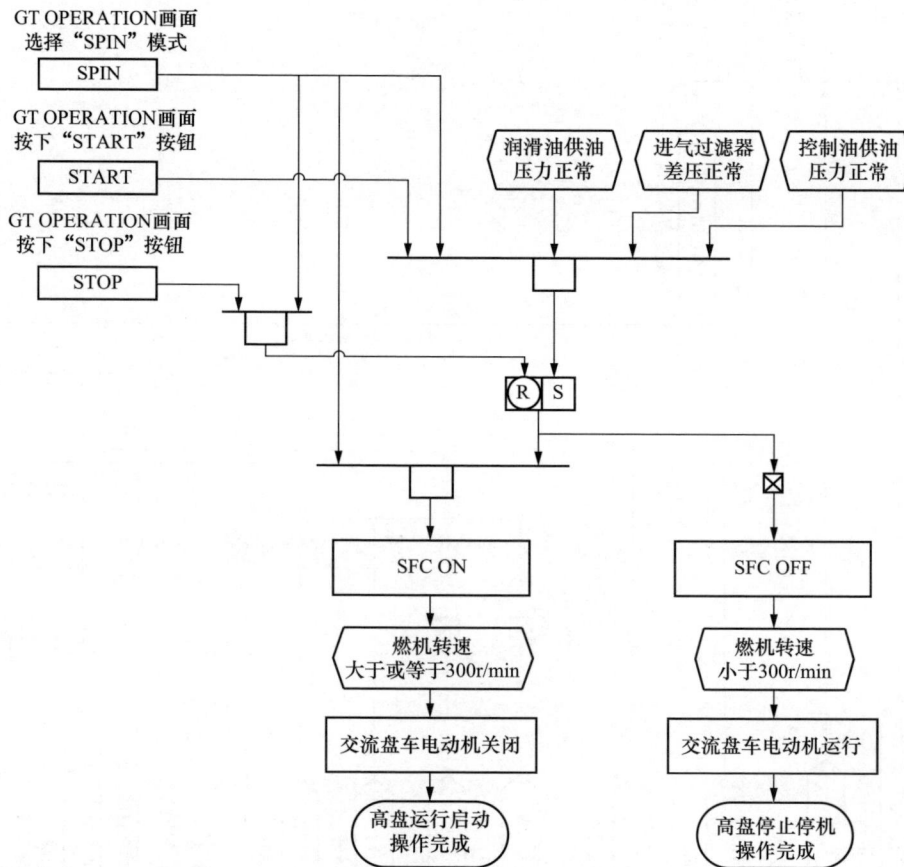

图 3-6 手动启停高盘流程图

图 3-7 中流程文本：

- 转速小于额定转速 —是→
- 否 → 预计重新启动等待时间 t
- 燃机停机时间小于 1.5h → 不得重启
- GT壳体冷却系统停止，缸体上下半金属温差在规定范围内，没有经过高盘冷却
- GT壳体冷却系统未运行，缸体金属温差即将超出规定的范围，需要进行高盘冷却
- 当缸体金属温差因自然冷却已经降到规定范围，GT壳体冷却系统停止，未进行高盘冷却
- 最高轮盘腔室温度大于或等于155℃ —否→
- 是 → 高盘冷却后燃机盘车运行1h以上
- 高盘冷却运行直到 dT 低于 dT 规定值。高盘冷却最长持续时间标准如下：
  - （1）最高轮盘腔室温度大于或等于220℃：3min。
  - （2）最高轮盘腔室温度大于或等于155℃，且小于220℃：5min。
  - （3）最高轮盘腔室温度小于155℃：持续运行
- 轮盘腔室温度小于155℃ —否→
- dT 小于规定值 —否→
- 是 → 高盘冷却运行直到 dT 低于 dT 规定值
- 机组可以重启

图 3-7 自动投入标准高盘冷却运行流程图

3）透平缸上下半金属温差。

4）轴振。

5）轴承回油温度。

6）润滑油供油压力和温度。

7）如果需要，监测启动设备电流。

标准高盘冷却运行图如图 3-9 所示。

3.2.3 水洗系统

燃机运行一段时间后，因压气机叶片的积垢，导致压气机效率和燃机运行性能的下降。为了恢复燃机运行性能，提高压气机的出力，需对燃机的压气机进行水洗。

清洗装置包括就地控制盘、清洗水箱、清洗水泵、清洗剂泵和其他附属设备。燃机水洗可分为离线和在线两种方式，在线清洗就是机组在全速或一定负载下运行时，将清洗液喷入压气机内，离线清洗则是压气机在盘车转速时将清洗液喷入其内。在线清洗的优点是能够在不停机的状态下完成清洗，但在线清洗不如离线清洗有效，因此在线清洗只能作为离线清洗的补充不能代替它。

1. 离线水洗

（1）离线水洗条件：

1）环境温度高于 8℃。

2）水洗水必须为合格的除盐水。

3）燃机轮间温度最高值应低于 95℃。

4）开始离线水洗前，需确认燃机没有超过 31 天或更长时间的停机，燃机长时间停机后，进行离线水洗前，数次带负荷运行是必要的，以防止冷却空气管道中的铁锈进入燃机。离线水洗带负荷次数要求如图 3-10 所示。

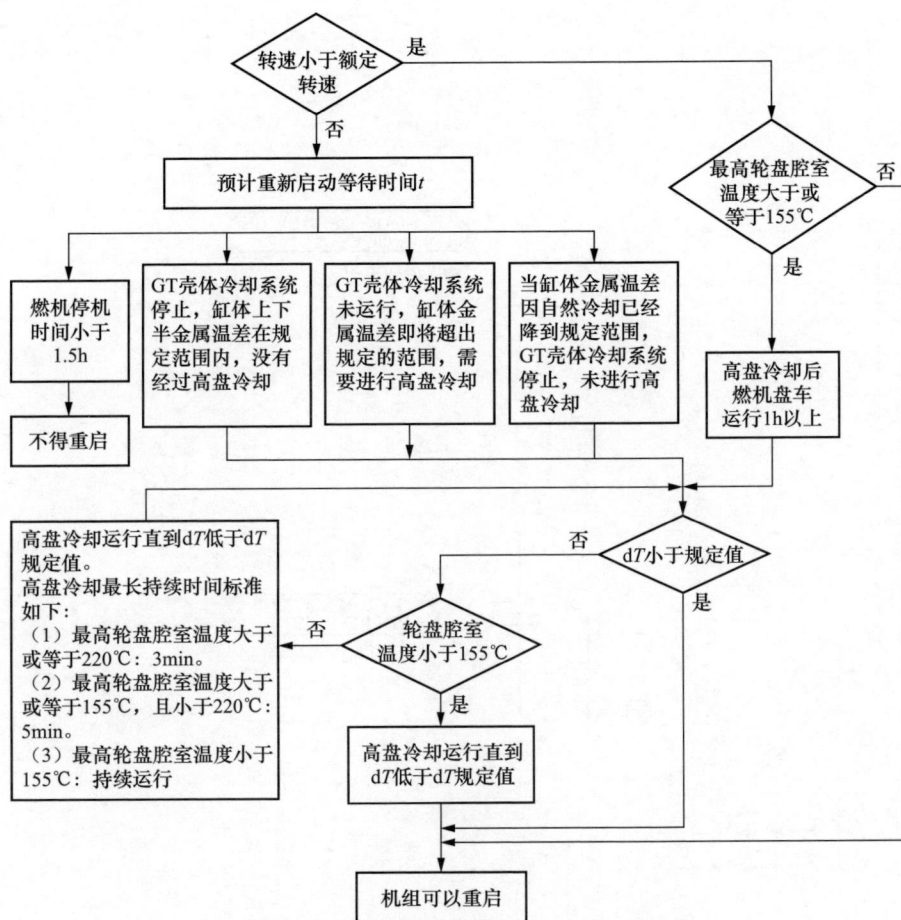

SFC1 READY TO START
SFC1准备启动

SFC2 READY TO START
SFC2准备启动

GT RE START OK
燃机重启条件满足

L4 (MASTER ON)
燃机主控投入

GT LUBE OIL SUPPLY
PRESSURE LOW
燃机润滑油供油压力低

GT MAIN LUBE OIL
PUMP (A) RUN
燃机主润滑油泵A运行

GT MAIN LUBE OIL
PUMP (B) RUN
燃机主润滑油泵B运行

GT14CSD
燃机转速大于SFC脱扣转速

GT HN-86GT1
无CPU故障

GT HIGH TORQUE
IGNITION
燃机高转矩点火

GT STARTING DEVICE ON
燃机启动设备投入
T=10.0

GT SPIN
高盘投入

GT 14CIG (SPEED
> IGNITION)
燃机转速大于点火转速

GT GAS DETECT FOR GT
EXHAUST DUCT ALARM
燃气泄漏报警

G-A009_TDW01
T=1.0
S
R
IV=0

GT STARTING DEVICE
ON REQUEST
SFC启动请求

GT HIGH SPEED
SPIN REQUEST
燃机高盘投入请求

T=450.0

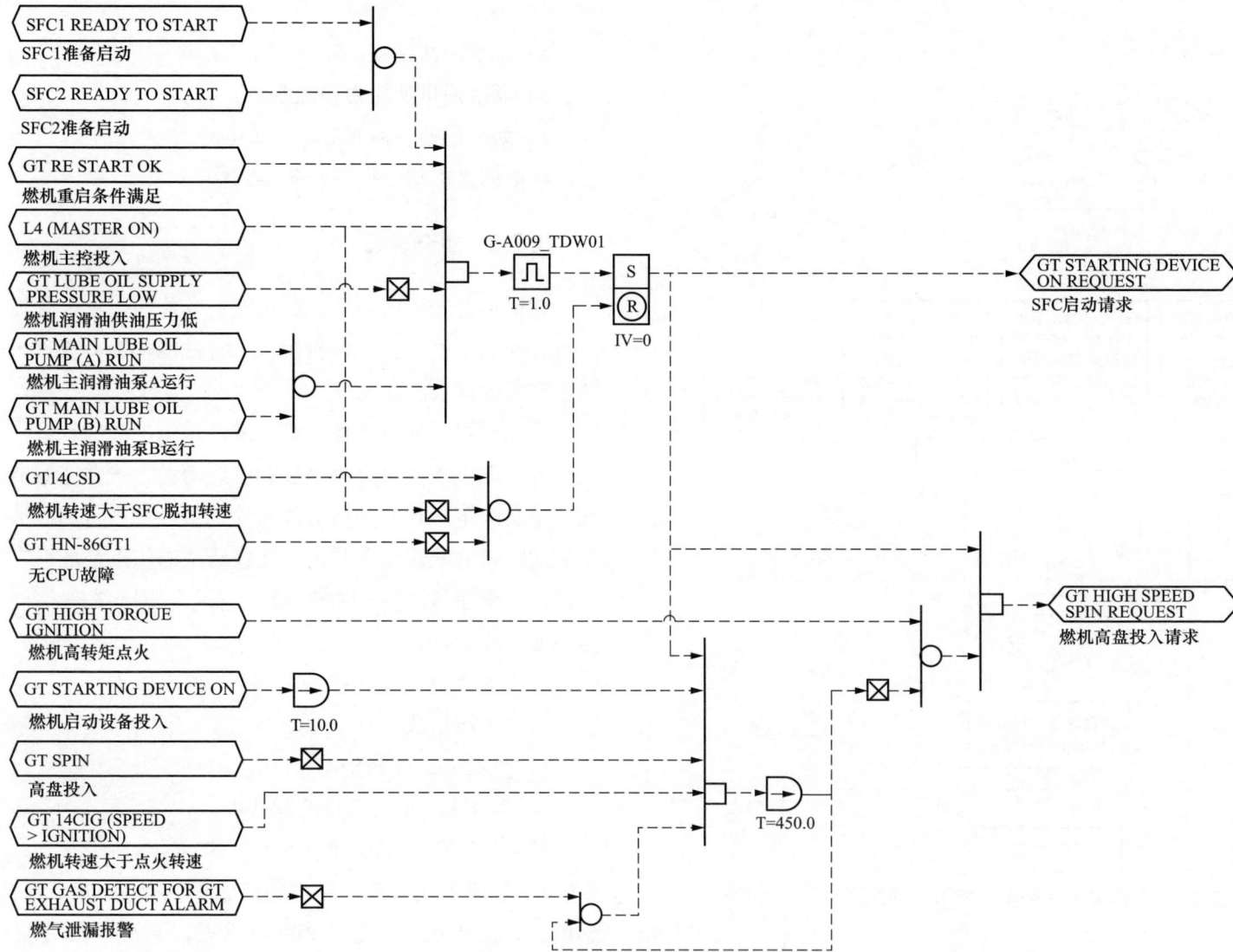

图 3-8　自动投入标准高盘冷却运行逻辑图

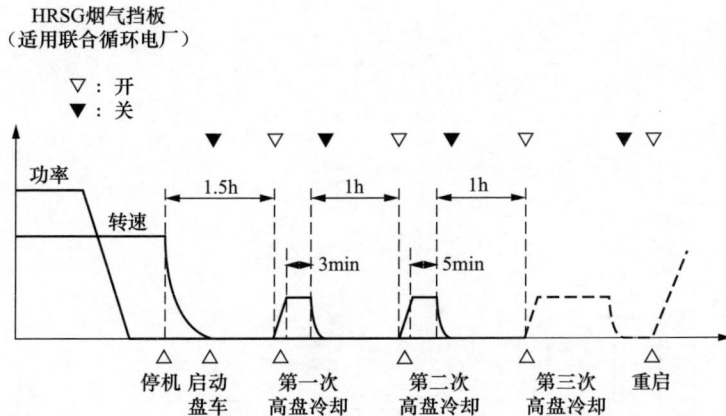

图 3-9　标准高盘冷却运行图

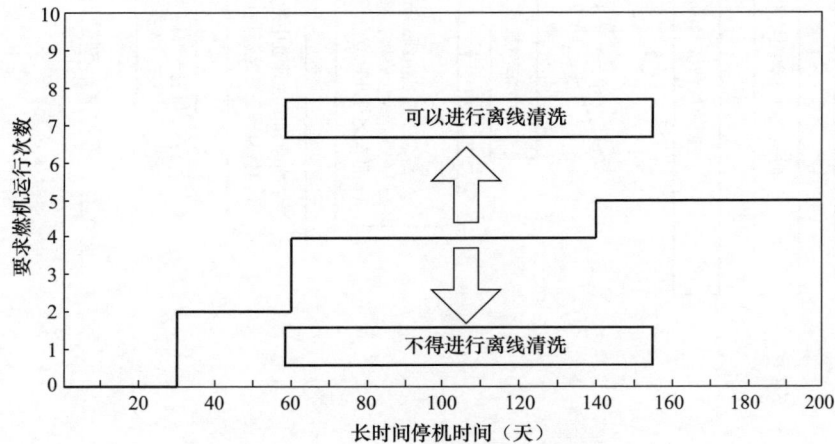

图 3-10　离线水洗带负荷次数要求

（2）系统投运前的检查和准备：

1）确认机组已停运，润滑油及盘车系统运行正常。

2）确认相关工作已全部结束，机组具备高盘启动条件。

3）确认燃机轮盘温度低于 95℃。

4）测量水洗泵绝缘合格。

5）检查清洗水泵轴承润滑油油位正常。

6）确认水洗就地控制盘电源正常，无异常报警。

7）确认补给水系统已投运正常，水洗水箱水位正常（3/4 位置）。

8）确认系统管道及容器已冲洗干净。

9）关闭燃机 1 号轴承密封空气供气隔离阀和燃机 2 号轴承密封空气供气隔离阀。

10）确认仪用空气压力正常。

11）确定疏水阀开 / 关状态正常。

（3）离线水洗流程：

1）不加清洁剂的离线水洗流程如图 3-11 所示，时间表如图 3-12 所示。

2）加清洁剂的离线水洗流程如图 3-13 所示，时间表如图 3-14 所示。

2. 在线水洗

在线水洗的条件及检查、准备工作与离线水洗类似，只不过在线水洗是在燃机带负荷时进行的，如果燃机负荷过高，须把燃机负荷降到 50% 左右后再进行在线水洗操作。在线水洗过程中禁止加入洗涤剂，同时清洗过程中需密切监视燃烧器压力波动情况以及 BPT 温度情况，如有异常，立即关闭燃机压气机水洗泵出口阀，停止燃机压气机水洗泵运行，其流程图参考图 3-11。

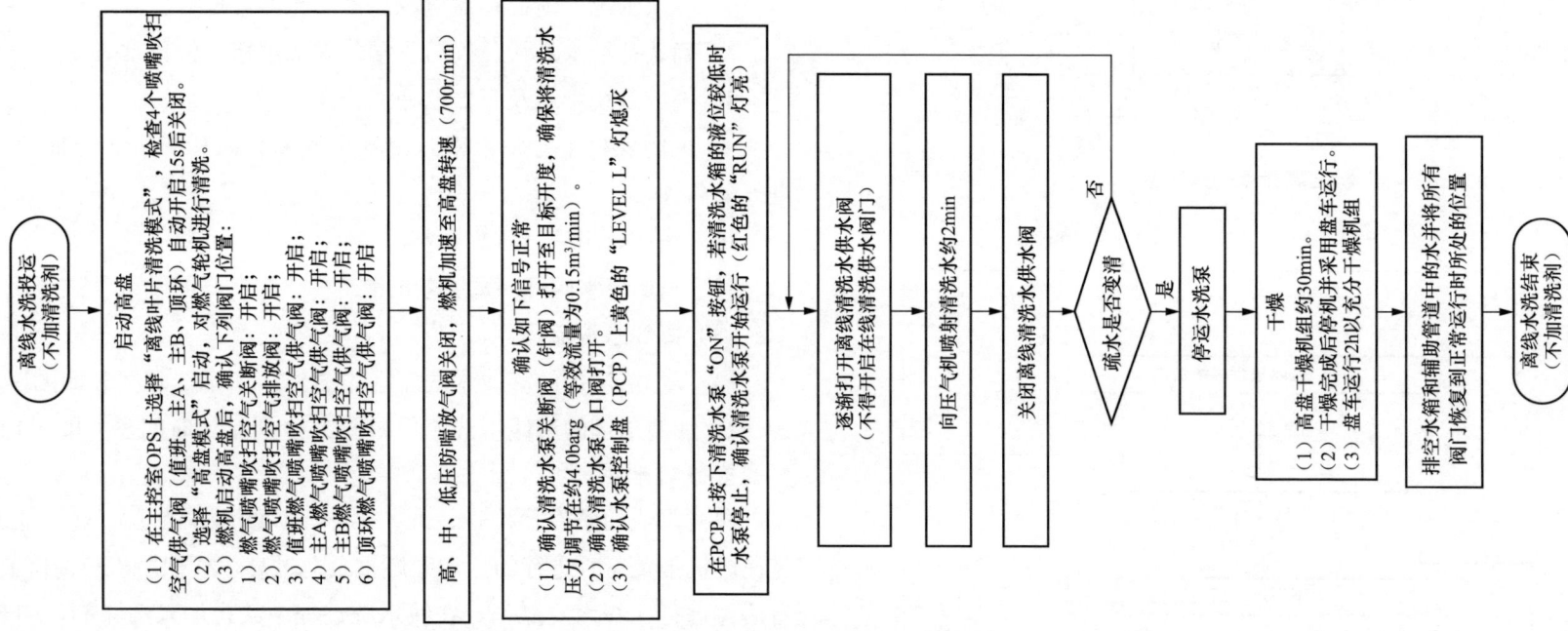

离线水洗投运（不加清洁剂）

启动高盘
(1) 在主控室OPS上选择"离线叶片清洗模式"，检查4个喷嘴喷扫空气供气阀（值班、主A、主B、顶环）关闭。
(2) 选择"高盘模式"，启动，对燃气轮机进行清洗。
(3) 燃机启动高盘后，确认下列阀门位置：
1）燃气喷嘴扫空气关断阀：开启；
2）燃气喷嘴扫空气排放阀：开启；
3）值班燃气喷嘴喷扫空气供气阀：开启；
4）主A燃气喷嘴喷扫空气供气阀：开启；
5）主B燃气喷嘴喷扫空气供气阀：开启；
6）顶环燃气喷嘴喷扫空气供气阀：开启。

高、中、低压防喘放气阀关闭，燃机加速至高盘转速（700r/min）

确认如下信号正常
(1) 确认清洗水泵关断阀（针阀）打开至目标开度，确保将清洗水压力调节在约4.0barg（等效流量为约0.15m³/min）。
(2) 确认清洗水泵入口阀打开。
(3) 确认水泵控制盘（PCP）上黄色的"LEVEL L"灯熄灭。

在PCP上按下清洗水泵"ON"按钮，确认清洗水泵开始运行（红色的"RUN"灯亮）。若清洗水箱的液位较低时，水泵停止。

逐渐打开离线清洗水供水阀（不得开启在线清洗供水阀门）

向压气机喷射清洗水约2min

关闭离线清洗水供水阀

疏水是否变清 否/是

停运水洗泵

干燥
(1) 高盘干燥机组约30min。
(2) 干燥完成后停机并采用盘车运行。

排空水箱和辅助管道中的水并将所有阀门恢复到正常运行时所处的位置

离线水洗结束（不加清洁剂）

图3-11 不加清洁剂的离线水洗流程图

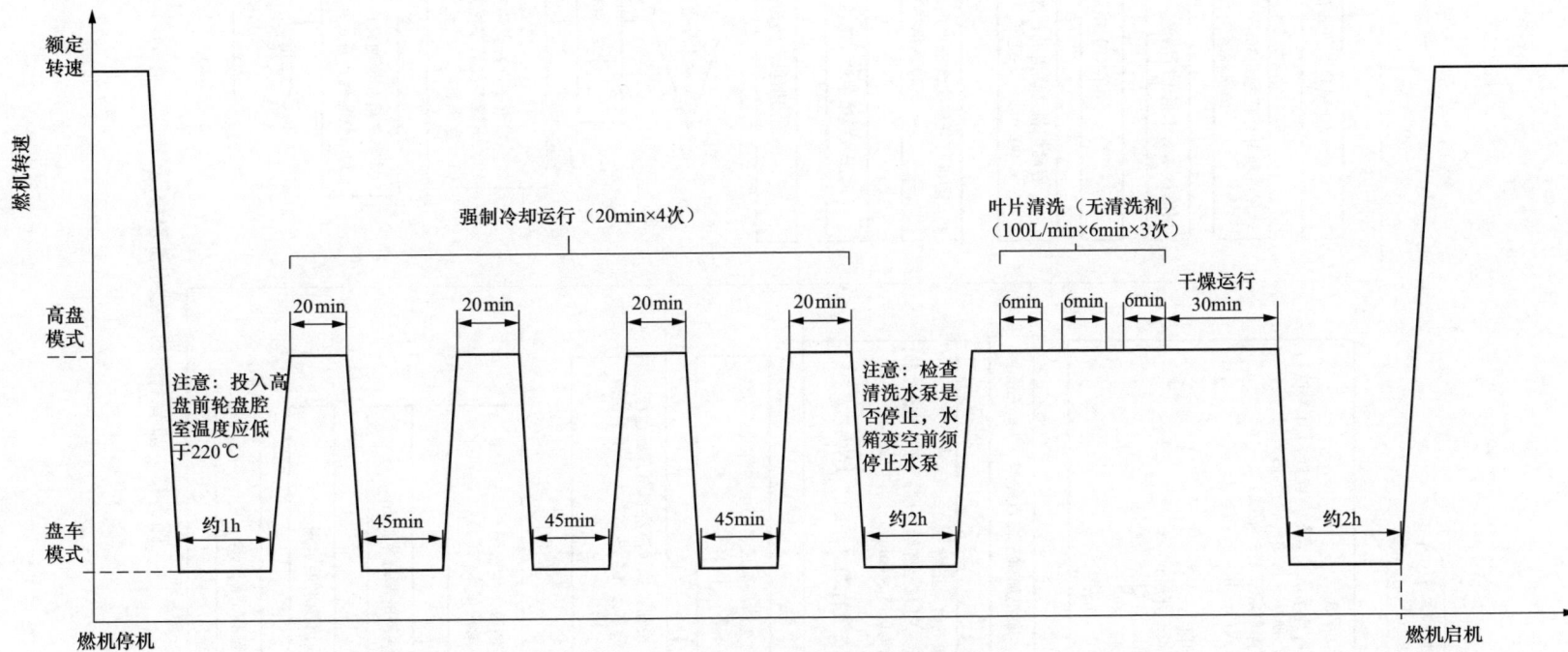

图 3-12　不加清洁剂的离线水洗时间表

离线水洗投运（不加清洁剂）

启动高盘
(1) 在主控室 OPS 上选择"离线叶片清洗模式"（值班、主 A、主 B、顶环），对燃气轮机进行清洗。
(2) 选择"高盘模式"启动，对燃气轮机进行清洗。
(3) 燃机启动高盘后，确认下列阀门关闭位置：
  1) 燃机启动空气断气阀：开启；
  2) 燃机喷嘴吹扫空气排放阀：开启；
  3) 值班燃气喷嘴吹扫空气供气阀：开启；
  4) 主 A 燃气喷嘴吹扫空气供气阀：开启；
  5) 主 B 燃气喷嘴吹扫空气供气阀：开启；
  6) 顶环燃气喷嘴吹扫空气供气阀：开启；

高、中、低压防喘放气阀关闭，燃机加速至高盘转速（700r/min）

确认如下信号正常：
(1) 确认清洗水泵断气阀关闭（针阀）打开至目标开度，确保将清洗水压力调节在约 4.0barg（等效流量为 0.15m³/min）。
(2) 确认清洗水泵入口阀打开。
(3) 确认水泵控制盘（PCP）上黄色的"LEVEL L"灯熄灭。

将水洗箱注满并倒入清洗剂（清洗剂最多用水稀释到 5%）并确认水箱水位正常

在 PCP 上按下清洗水泵"ON"按钮。确认清洗水泵开始运行（红色的"RUN"灯亮）让清洗水泵至少运行 5min 用于使清洗水与清洗剂充分混合

逐渐打开离线清洗水供水阀（不得开启在线清洗供水阀门）

向压气机喷射清带清洗剂的清洗水约 2min

关闭燃机离线清洗水供水阀

关闭清洗水泵和清洗泵

停运燃机，进入低速盘车状态

压气机叶片浸泡约 30min。同时，"叶片离线清洗模式"自动关闭

用除盐水对水箱进行清洗，去除水箱内的清洗剂

给水箱注满除盐水

启动燃机（高盘），燃机加速至高盘转速（700r/min），选择"叶片离线清洗模式"

逐渐打开离线清洗水供水阀（不得开启在线清洗供水阀门）

向压气机喷射清无清洗剂的清洗水约 2min

关闭燃机离线清洗水供水阀

疏水是否变清 否 / 是

停运清洗泵

干燥
(1) 高盘干燥机组约 30min。
(2) 干燥完成后停机并采用盘车运行。
(3) 盘车运行 2h 以上以无分手干燥机组

排空水箱和辅助管道中的水并将所有阀门恢复到正常运行时所处的位置

离线水洗结束（不加清洗剂）

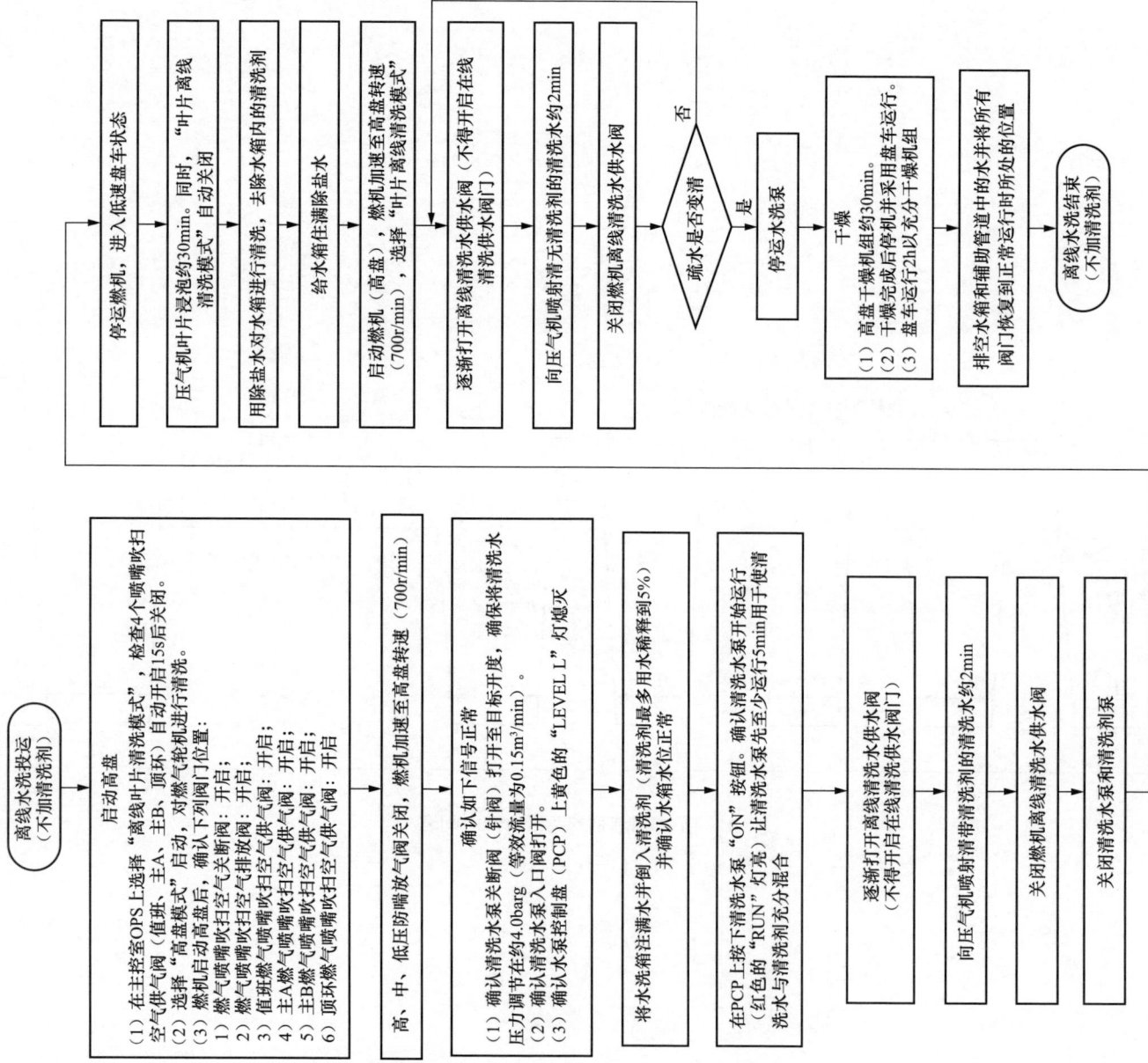

图 3-13　加清洁剂的离线水洗流程图

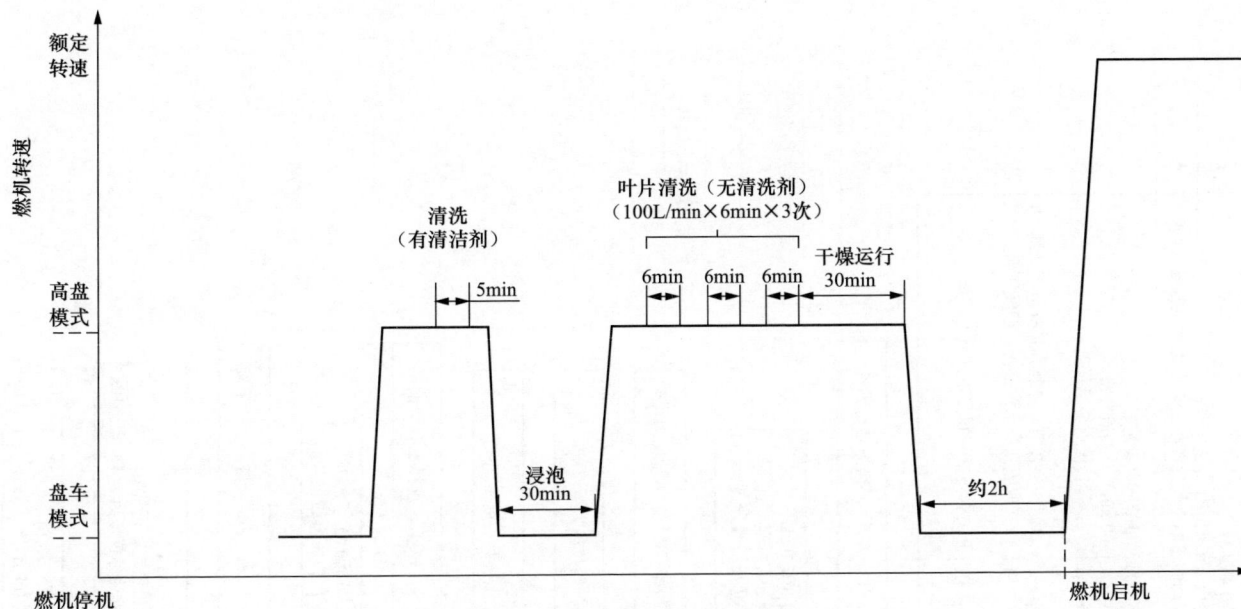

图 3-14　加清洁剂的离线水洗时间表

3.2.4　润滑油系统

燃机润滑油系统配置一个主润滑油箱、两台 100% 容量的交流润滑油泵、一台直流润滑油泵、两台 100% 容量的排烟风机、两组润滑油冷却器、润滑油净化装置，润滑油系统的作用如下：

（1）向燃机和燃机发电机的轴承提供具有一定温度和压力的清洁的润滑油。

（2）为密封油系统提供补充油。

（3）向燃机排气端支撑和燃机盘车装置提供冷却和润滑的润滑油。

（4）向燃机燃气关断阀、燃气排放阀、燃气主 A 流量控制阀、燃气主 B 流量控制阀、燃气值班流量控制阀、燃气顶环流量控制阀提供一定压力的安全油。

机组运行时有一台主润滑油泵运行，它将提供运行期间所需要的所有润滑油。在润滑油母管上设置有压力开关，当润滑油供油压力低于 0.189MPa 时，压力开关动作，联启备用润滑油泵。设置三个润滑油压力开关，来监测轴承供油压力，当三个压力开关中的任何一个探测出压力过低时（低于 0.169MPa），将发出报警。如果三个压力开关中的任意两个动作，燃机控制系统将会联启直流应急油泵并发出跳闸指令。

来自安装在润滑油母管上的热电偶信号控制供油温度，使它保持在允许的变动范围内，当供油温度超出限定范围时，燃机无法启动。燃气控制系统将供油温度作为输入信号，用于调整润滑油温度控制阀。温控阀可控制润滑油流经冷油器的流量，以维持合适的轴承供油温度。

（1）润滑油系统的投运。润滑油系统的投运流程如图 3-15 所示。

润滑油系统投运 开始

投运前检查
(1) 检查润滑油系统相关检修工作票已终结。
(2) 检查闭冷水系统已投运，冷却水母管压力大于0.4MPa。
(3) 检查燃机组压缩空气系统已投运，压缩空气母管压力大于0.45MPa。
(4) 检查燃机润滑油冷却水供水气动阀气源投入，电磁阀电源投入。
(5) 检查燃机润滑油冷却水电动阀电源投入。
(6) 检查燃机润滑油主油管压力调节手动阀调节开度已调好，母管压力设好。
(7) 检查燃机润滑油主油箱外观无泄露，油箱液位在高位（1300mm），油质等热工投好。
(8) 检查燃机润滑油系统温度、压力、液位等热工仪表完好投入。
(9) 检查燃机润滑油泵出口A、B、C蓄能器已充氮。
(10) 测量燃机润滑油箱A、B油烟风机电机、B主润滑油泵电机、电缆绝缘合格，控制方式打至"就地"，电源开关合闸，控制方式打至"就地"，储能正常，电源电源开关分闸，控制方式打至"停止"。
(11) 测量燃机润滑油泵A、B主润滑油泵投入，保护压板投入，控制方式打至"就地"，分闸指示灯亮，电源开关分闸，控制电源开关合闸，储能正常，电源电源开关合闸，检查电源正常。
(12) 测量燃机润滑油直流润滑油泵电缆绝缘合格，直流电源开关合闸，控制方式打至"停止"。
(13) 检查相应阀门应态正确

在燃机"LUBE OIL"画面，点击"FAN SELECT"，选择启动风机

(1) 就地检查风机进口手动阀开至30%。
(2) 就地将润滑油烟风机电源控制方式打至"远方"
(3) 就地检查风机启动，油箱负压缓慢升高

TCS检查风机电源控制方式"Remote"和"Run"信号反馈正确

缓慢调整烟风机进口手动阀，将油箱负压调至-3kPa

就地将备用风机电源控制方式打至"远方"

在燃机"LUBE OIL"画面，点击"LOP SELECT"，选择主润滑油泵

(1) 就地将主润滑油泵电源控制方式打至"远方"
(2) 就地检查润滑油泵启动，泵出口压力缓慢升高

TCS检查润滑油泵电源控制方式"Remote"和"Run"信号反馈正确

(1) 检查投运的润滑油过滤器压差小于0.1MPa。
(2) 检查各轴承回油油正常，润滑油位稳定在正常值。
(3) 检查泵出口压力大于0.45MPa，供油母管压力大于0.125MPa

(1) 将备用润滑油泵电源控制方式打至"远方"
(2) 将直流润滑油泵电源控制方式打至"远方"

润滑油系统投运 结束

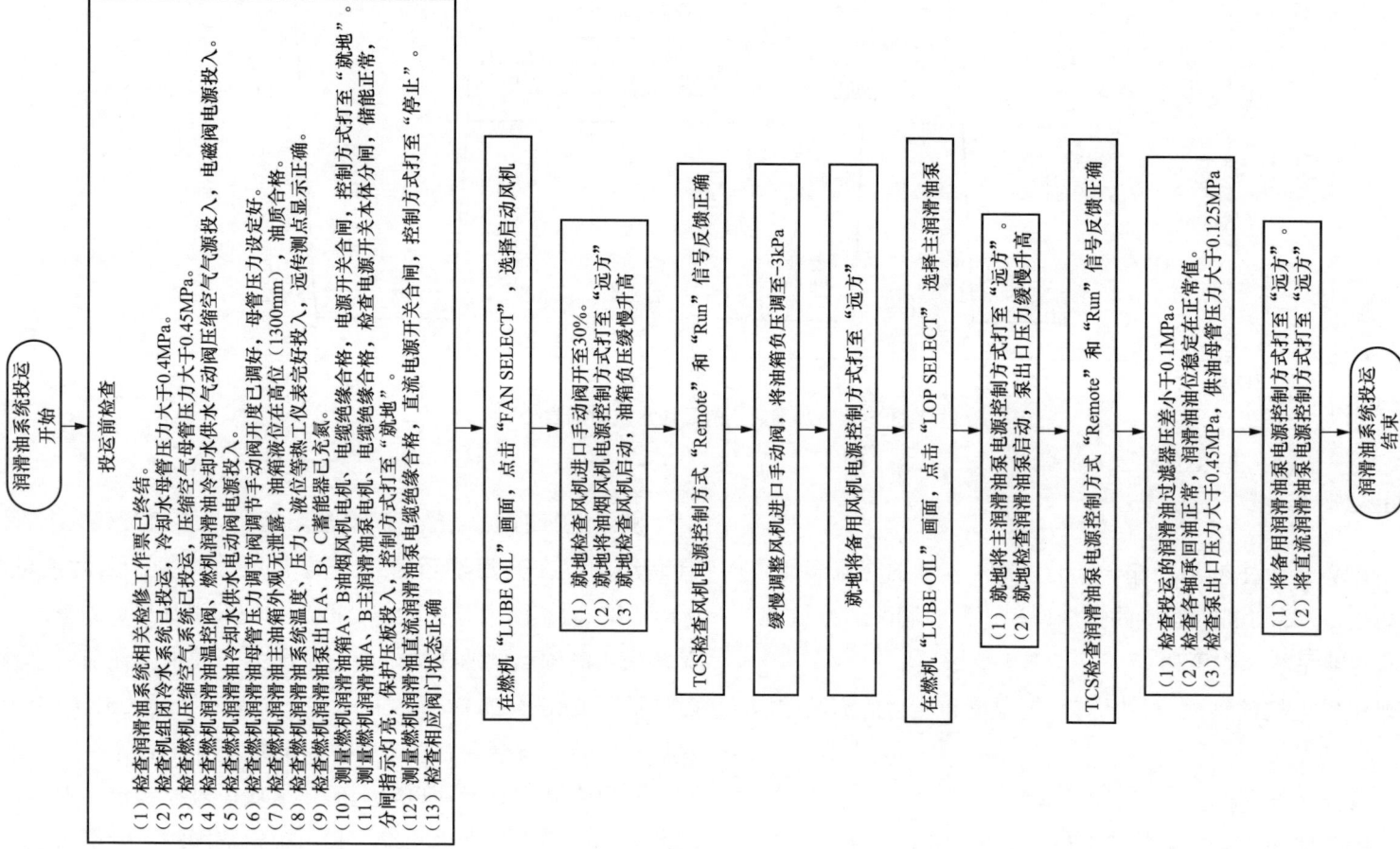

图3-15 润滑油系统的投运流程

投运完成后还需监视以下参数是否正常：

1）检查润滑油泵无异声、异味，振动、电动机电流和绕组温度正常。

2）检查润滑油箱油位正常（＞1144mm）。

3）检查润滑油过滤器压差（＜0.1MPa）。

4）检查润滑油母管温度正常（46℃）。

5）检查润滑油温度控制阀开度正常。

6）检查润滑油箱压力约 −2.5kPa，必要时可通过排烟风机进口蝶阀调节。

7）检查润滑油箱排烟风机进口滤网压差正常。

8）检查润滑油箱排烟风机无异音、异味，振动和电动机绕组温度正常。

9）检查各轴承回油正常。

10）检查系统无泄漏。

（2）润滑油系统的停运。润滑油系统的停运流程如图 3-16 所示。

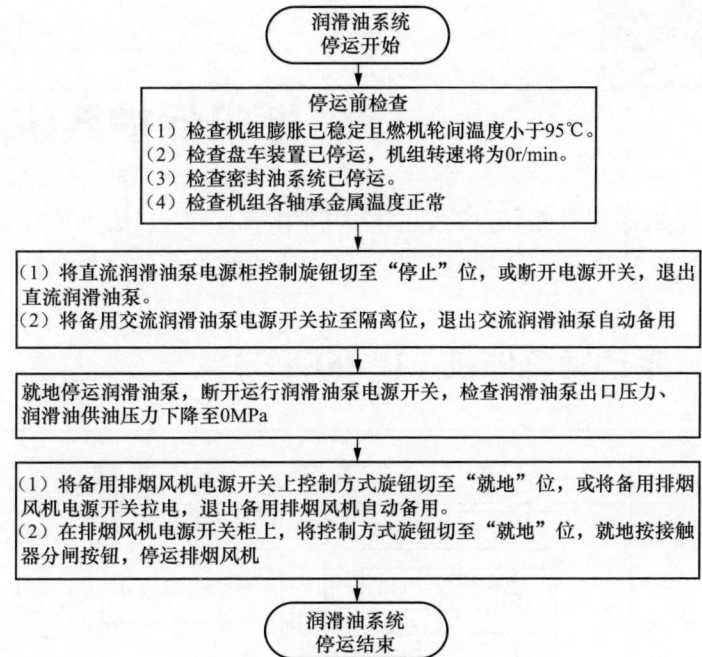

图 3-16　润滑油系统的停运流程

第 4 章

燃机保护系统解析

燃气轮机的保护系统（TPS）和控制系统（TCS）是不可分割的一个整体。在燃气轮机正常运行时，由控制系统实施控制，使燃气轮机在所要求的参数下运行。当机组由于某些不可预测的原因而偏离正常的运行参数时，保护系统应报警并指示报警的由来，以便运行人员及时分析故障的原因和排除故障。当燃气轮机关键参数超过临界值或控制设备故障危及机组安全运行时，保护系统在报警的同时通过切断燃料使机组跳闸。燃机保护跳闸条件见表 4-1 ～表 4-39。

4.1 手动紧急停机（H-86EST）

表 4-1　　　　　　　　　　　　　　　　　手 动 紧 急 停 机

跳机名称	EMERGENCY STOP TRIP　紧急停机
逻辑说明	运行手动同时按下操作台上两个紧急停机按钮后，H-86EST 为 1 手动停机保护触发
原理图	
逻辑页	DIL-100
备注	运行人员判断需要紧急停机时同时按下操作台上两个紧急停机按钮后可以手动紧急停机

4.2　后备超速（H-86BKEOST）

<table>
<tr><td>表 4-2</td><td colspan="2" style="text-align:center">后　备　超　速</td></tr>
<tr><td>跳机名称</td><td colspan="2" style="text-align:center">BK ELECTRICAL OVER SPEED TRIP
后备电超速跳机</td></tr>
<tr><td>逻辑说明</td><td colspan="2" style="text-align:center">三个转速测点大于 3330r/min 时，三个 DI 点为 1，机组后备电超速跳机保护触发（三取二）</td></tr>
<tr><td>原理图</td><td colspan="2"></td></tr>
<tr><td>逻辑页</td><td colspan="2">DIL-110</td></tr>
<tr><td>备注</td><td colspan="2">燃机转速大于 3330r/min 时跳机。该保护有继电器跳闸和软逻辑跳闸两套回路，可以确保在 TCS 系统故障的情况下跳闸成功</td></tr>
</table>

4.3 超速（H-86EOST）

表 4-3	超　　速
跳机名称	ELECTRICAL OVER SPEED TRIP 电超速跳机
逻辑说明	三个转速测点大于 3300r/min 时，三个 DI 点为 1，机组电超速跳机保护触发（三取二）
原理图	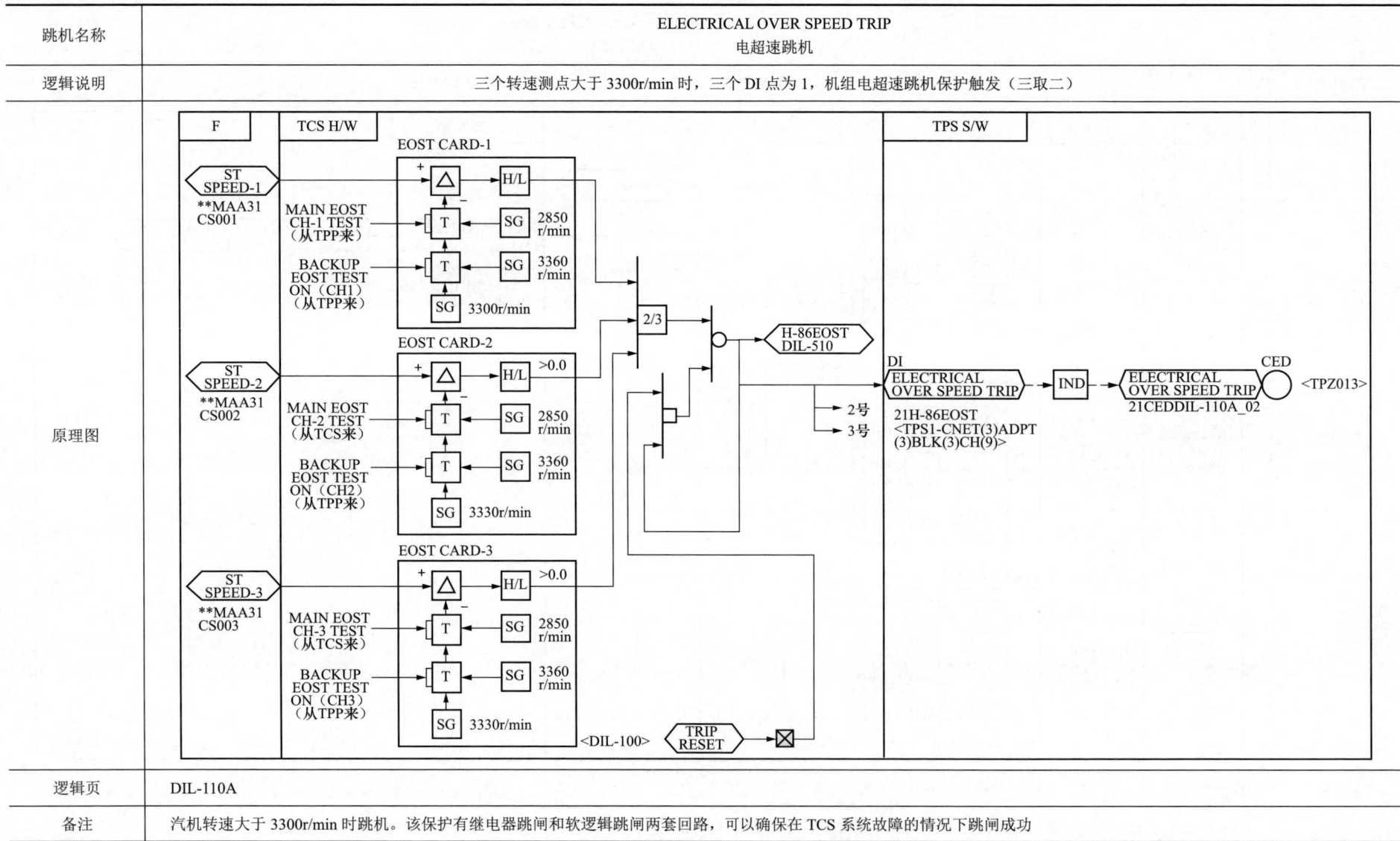
逻辑页	DIL-110A
备注	汽机转速大于 3300r/min 时跳机。该保护有继电器跳闸和软逻辑跳闸两套回路，可以确保在 TCS 系统故障的情况下跳闸成功

4.4　低频

表 4-4	低　　频
跳机名称	**FREQUENCY LOW TRIP** 低频保护跳机
逻辑说明	三个转速测点小于 2820r/min 时，三个 DI 点为 1，机组低频保护触发（三取二）
原理图	
逻辑页	DIL-110
备注	燃机转速小于 2820r/min 时跳机

4.5 安全油压低

表 4-5 安 全 油 压 低

跳机名称	EMERGENCY OIL PRESS LOW TRIP 安全油压力低跳机
逻辑说明	三个安全油压力开关，正常运行时保持动断，当压力小于或等于6.9MPa，三取二触发保护
原理图	
逻辑页	DIL-120
备注	安全油压小于或等于 6.9MPa 时跳机

4.6　排气温度控制偏差大

表 4-6	排气温度控制偏差大
跳机名称	**EXH CONTROL DEVIATION HIGH TRIP** 排气通道温度控制偏差大跳机
逻辑说明	六个排气通道温度测点，通过去掉一个最小值后 5 取平均得出排气通道温度平均值 T。再将大气压力（带变化速率限制）和燃烧室壳体压力相加，并除以大气压力（带变化速率限制）得出（PCS+Pamb)/Pamb，该压力比例再通过函数 DIL-130_FX02 及 DIL-130_FX03 计算后与排气通道平均温度作比较，当偏差大于 45℃时，触发排气温度控制偏差大保护
原理图	（见下图原理图）
逻辑页	DIL-130
备注	排气通道温度平均值大于标准值 45℃时跳机

原理图中主要内容：

- F / TPS H/W / TPS S/W 三个分区
- GT COMPRESSOR INLET AIR TEMP-1　21MBL01CT031
- GT COMPRESSOR INLET AIR TEMP-2　21MBL01CT032
- GT COMPRESSOR INLET AIR TEMP-3　21MBL01CT033
- (PCS+Pamb)/Pamb
- No.1 EXHAUST GAS TEMP　21MBR01CT001
- No.2 EXHAUST GAS TEMP　21MBR01CT002
- No.6 EXHAUST GAS TEMP　21MBR01CT006
- SG S=3.0
- FX DIL-130_FX05
- SG S=288.7
- LAG
- FX DIL-130_FX02
- FX DIL-130_FX03
- FX
- SG S=5.0
- <L
- △H/L　L=-1000000.0　H=45.0
- EXH CONTROL DEVIATION HIGH TRIP

4.7 排气温度平均值超温

表 4-7	排气温度平均值超温
跳机名称	EXH. GAS TEMP. HIGH TRIP 排气通道温度高跳机
逻辑说明	六个排气通道温度测点，通过去掉一个最小值后 5 取平均得出排气通道温度平均值，平均值大于 660℃时触发排气通道温度高保护
原理图	
逻辑页	DIL-130
备注	排气通道温度平均值大于 660℃

4.8 BPT 温度控制偏差大

表 4-8	BPT 温度控制偏差大
跳机名称	BPT CONTROL DEVIATION HIGH TRIP 叶片通道温度控制偏差大跳机
逻辑说明	20 个 BPT 温度测点去掉一个最大值和一个最小值后 18 取平均。再将大气压力（带变化速率限制）和燃烧室壳体压力相加，并除以大气压力（带变化速率限制）得出 (PCS+Pamb)/Pamb，该压力比例再通过函数 DIL-130_FX06 及 DIL-130_FX04 计算后与平均温度做比较，偏大大于 45℃时触发 BPT 温度控制偏差大保护

跳机名称	BPT CONTROL DEVIATION HIGH TRIP 叶片通道温度控制偏差大跳机
原理图	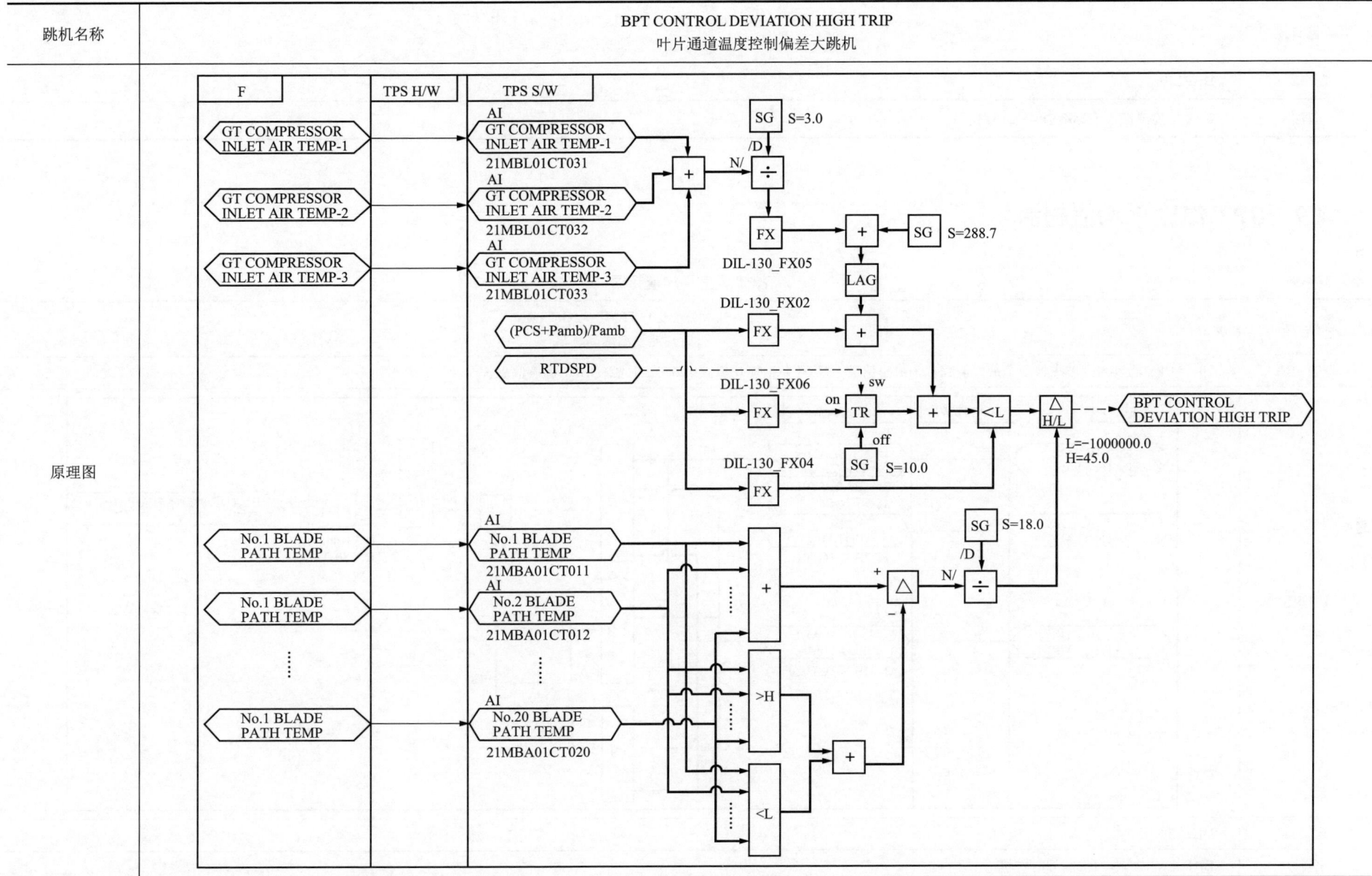

跳机名称	BPT CONTROL DEVIATION HIGH TRIP 叶片通道温度控制偏差大跳机
逻辑页	DIL-130
备注	BPT 平均温度大于标准值 45℃时跳机

4.9 BPT 温度平均值超温

表 4-9　　　　　　　　　　　　　　　　　　　　BPT 温度平均值超温

跳机名称	BLADE PATH TEMP. HIGH TRIP 叶片通道温度高跳机
逻辑说明	20 个 BPT 温度测点，去掉一个最大值和一个最小值后 18 取平均。平均值大于 680℃时触发 BPT 温度高保护
原理图	
逻辑页	DIL-130
备注	BPT 平均温度大于 680℃时跳机

4.10　BPT 温度偏差大

表 4-10	BPT 温度偏差大
跳机名称	BPT VARIATION LARGE TRIP 叶片通道温度偏差高跳机
逻辑说明	自身叶片通道温度偏差（注：BPT-BPT 平均值）大于 ±T_1 且（相邻叶片通道温度偏差大于 ±T_2 或相邻叶片通道温度变化趋势大于 ±1℃）（注：T_1 在非 BPT 控制模式下为 80℃，在 BPT 控制模式下由负荷及函数 DSG-530_FX05/DSG-530_FX07 控制。T_2 在非 BPT 模式下为 60℃，在 BPT 控制模式下为 20/-30）
原理图	
逻辑页	DIL-140—145
备注	BPT 温度偏差大，同时相邻通道温度偏差大或变化趋势大跳机

4.11　润滑油压低（H-86LOPRS）

表 4-11 润 滑 油 压 低

跳机名称	LUBE OIL SUPPLY PRESS LOW TRIP 润滑油供应压力低跳机
逻辑说明	润滑油供油母管上压力开关，三取二跳机。 定值：0.159MPa。 该报警反映 TPS 逻辑回路中的压力开关三取二跳机。进入 TPS1/2/3 的 DI 信号为 N-LUBE OIL SUPPLY PRESS LOW (TRIP)-1/2/3
原理图	
逻辑页	DIL-150
备注	该保护有继电器跳闸和软逻辑跳闸两套回路，可以确保在 TCS 系统故障的情况下跳闸成功

4.12　排气压力高

表 4-12	排　气　压　力　高
跳机名称	GT EXH. GAS PRESS. HIGH TRIP 排气压力高跳机
逻辑说明	排气压力检测开关，三取二跳机。 定值：6.86kPa。 进入 TPS1/2/3 的 DI 信号为 N-EXHAUST DUCT GAS PRESS HIGH(TRIP)-1/2/3
原理图	
逻辑页	DIL-160
备注	排气压力大于 6.86kPa 时跳机

4.13 轴向位移大

表 4-13 轴 向 位 移 大

跳机名称	THRUST BEARING WEAR TRIP 推力轴承磨损跳机
逻辑说明	转子轴向位移探头测值大于 0.8mm（燃机侧）或小于 -1.5mm（汽机侧）。 位移信号在 TSI 中完成模拟量采样及逻辑判断。出口继电器 RP1/2/3HH。 进入 TPS1/2/3 的 DI 信号为 N-ROTOR POSITION-1/2/3 HIGH HIGH
原理图	
逻辑页	DIL-160
备注	转子轴向位移大于 0.8mm 或小于 -1.5mm 时跳机

4.14　低压缸排气温度高

表 4-14　　　　　　　　　　　　　　　　　低压缸排气温度高

跳机名称	LP TURBINE EXH. STEAM TEMP. (GEN SIDE) HIGH TRIP 低压缸排汽温度（发电机侧）高跳机
逻辑说明	低压缸排汽温度测点，三取二跳机。 定值：120℃。 进入 TPS1/2/3 的 AI 信号为 LP TURBINE EXHAUST TEMP (GEN SIDE)-1/2/3
原理图	
逻辑页	DIL-160
备注	低压缸排气温度大于 120℃时跳机

F	TPS H/W	TPS S/W		
LP TURBINE EXHAUST TEMP (GEN SIDE)-1		AI LP TURBINE EXHAUST TEMP (GEN SIDE)-1 21MAC11CT004	H/L L=-99999.0 H=120.0	
LP TURBINE EXHAUST TEMP (GEN SIDE)-2		AI LP TURBINE EXHAUST TEMP (GEN SIDE)-2 21MAC11CT005	H/L L=-99999.0 H=120.0	M/N M=2 → LP TURBINE EXH. STEAM TEMP.(GEN SIDE) HIGH TRIP
LP TURBINE EXHAUST TEMP (GEN SIDE)-3		AI LP TURBINE EXHAUST TEMP (GEN SIDE)-3 21MAC11CT006	H/L L=-99999.0 H=120.0	

4.15 润滑油供油温度高

表 4-15　　　　　　　　　　　　　　　　　　　　　润滑油供油温度高

跳机名称	LUBE OIL TEMP HIGH TRIP 润滑油温度高跳机
逻辑说明	润滑油供油温度测点，三取二跳机。 定值：70℃。 进入 TPS1/2/3 的 AI 信号为 LUBE OIL SUPPLY TEMP -1/2/3
原理图	
逻辑页	DIL-160
备注	润滑油供油温度大于 70℃时跳机

4.16　凝汽器真空低

表 4-16　　　　　　　　　　　　　　　　　　凝 汽 器 真 空 低

跳机名称	CONDENSER VACUUM PRESS LOW TRIP 凝汽器真空压力低跳机
逻辑说明	凝汽器真空压力开关，三取二跳机。 定值：74kPa。 进入 TPS1/2/3 的 DI 信号为 N-CONDENSER VACUUM PRESS LOW (TRIP)-1/2/3
原理图	
逻辑页	DIL-210
备注	凝汽器真空大于 74kPa 时跳机

4.17 压气机进口温度低

<table>
<tr><td align="right">表 4-17</td><td colspan="2" align="center">压 气 机 进 口 温 度 低</td></tr>
<tr><td>跳机名称</td><td colspan="2" align="center">GT COMPRESSOR INLET AIR TEMP LOW TRIP
压气机入口空气温度低跳机</td></tr>
<tr><td>逻辑说明</td><td colspan="2">压气机进气温度测点，三取二跳机。
定值：-25℃。
进入 TPS1/2/3 的 AI 信号为 GT COMPRESSOR INLET AIR TEMP-1/2/3</td></tr>
<tr><td>原理图</td><td colspan="2"></td></tr>
<tr><td>逻辑页</td><td colspan="2">DIL-210</td></tr>
<tr><td>备注</td><td colspan="2">不适用，容易误动，废除</td></tr>
</table>

4.18 机组振动大

<table>
<tr><td align="right">表 4-18</td><td align="center">机 组 振 动 大</td></tr>
<tr><td>跳机名称</td><td align="center">SHAFT VIBRATION HI TRIP
轴承振动高跳机</td></tr>
<tr><td>逻辑说明</td><td>1 号～8 号轴承 X、Y 方向的振动探头，任意一个轴承 X、Y 方向均超过定值，延时 1s 跳机。
定值：200μm。
轴承振动信号在 TSI 中完成模拟量采样及逻辑判断。出口继电器 1/2/3/4/5/6/7/8BRGHH。
进入 TPS1/2/3 的 DI 信号为 N-No.1/2/3/4/5/6/7/8 BRG. VIBRATION HIGH HIGH TRIP</td></tr>
</table>

跳机名称	SHAFT VIBRATION HI TRIP　轴承振动高跳机
原理图	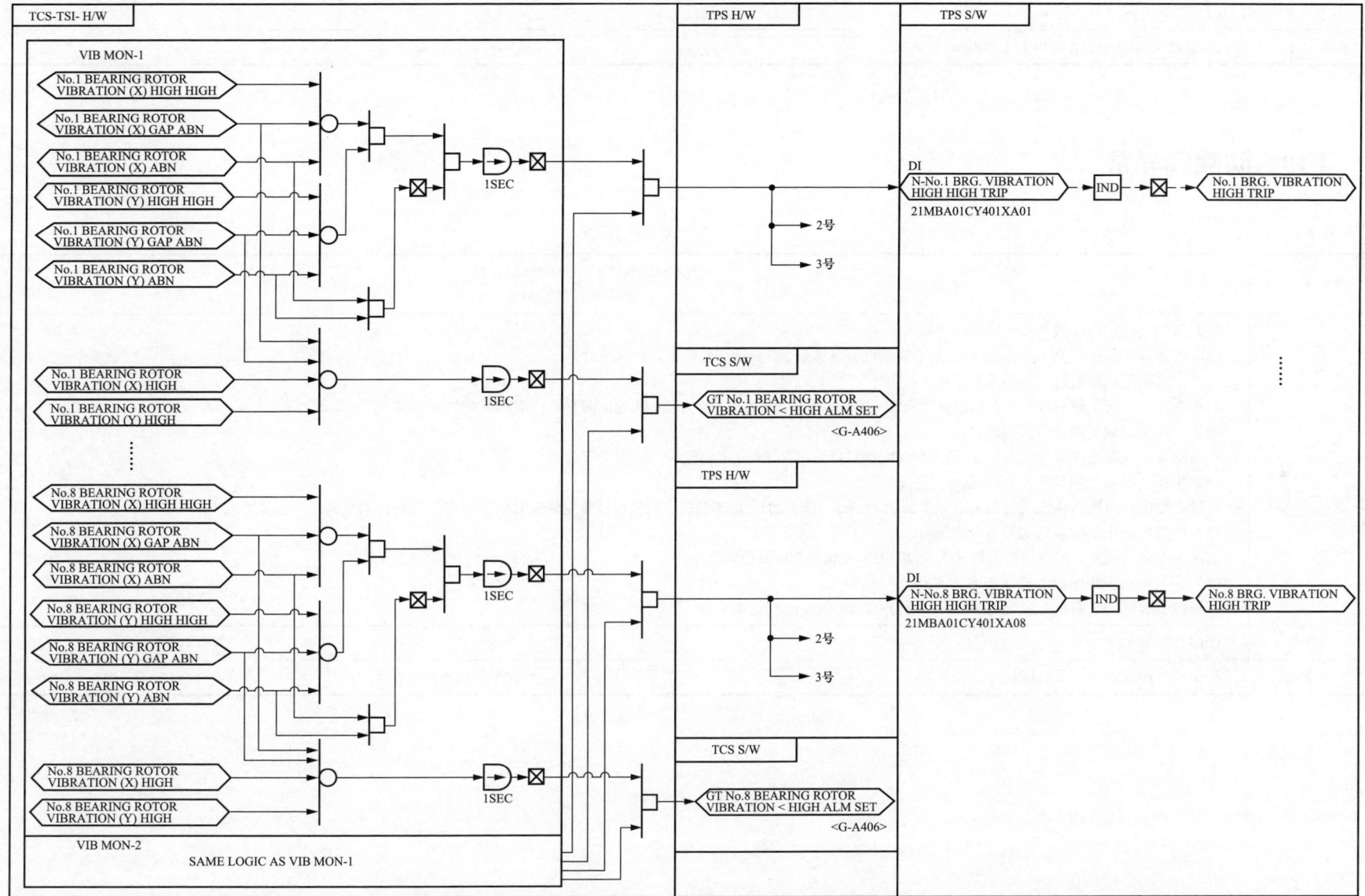

跳机名称	SHAFT VIBRATION HI TRIP 轴承振动高跳机
逻辑页	DIL-212—215
备注	1 号～8 号轴承振动探头 X/Y 均大于 200μm 时跳机

4.19 防喘阀异常

表 4-19   **防 喘 阀 异 常**

跳机名称	BLEED VALVE ABNORMAL TRIP 防喘阀异常跳机
逻辑说明	（1）压气机低压防喘放气阀异常关闭跳机： 低压防喘放气阀在启机令发出后 3s 仍未全开或机组降速到 2815r/min 延时 3s，仍未全开。 （2）压气机低压防喘放气阀异常开启跳机： 启机令发出，低压防喘放气阀在机组升速到 2815r/min 延时 20s 或转速大于 2940r/min 时低压防喘放气阀仍未全关。 （3）中压防喘放气阀异常关闭跳机： 中压防喘放气阀在启机令发出后 3s 仍未全开或机组降速到 2815r/min 延时 3s，仍未全开。 （4）中压防喘放气阀异常开启跳机： 启机令发出，中压防喘放气阀在机组升速到 2815r/min 延时 20s，仍未全关。或机组达额定转速时中压防喘放气阀仍未全关。 （5）压气机高压防喘放气阀异常开启跳机： 高压防喘放气阀在启机令发出且转速大于 2050r/min 延时 20s 后仍未全关。 （6）压气机高压防喘放气阀异常关闭跳机： 高压防喘放气阀在启机令发出后 3s 且转速降速至 2050r/min 后仍未全开
逻辑页	DIL-250—253
备注	防喘放气阀未正确开关时跳机

续表

跳机名称	BLEED VALVE ABNORMAL TRIP　防喘阀异常跳机
原理图	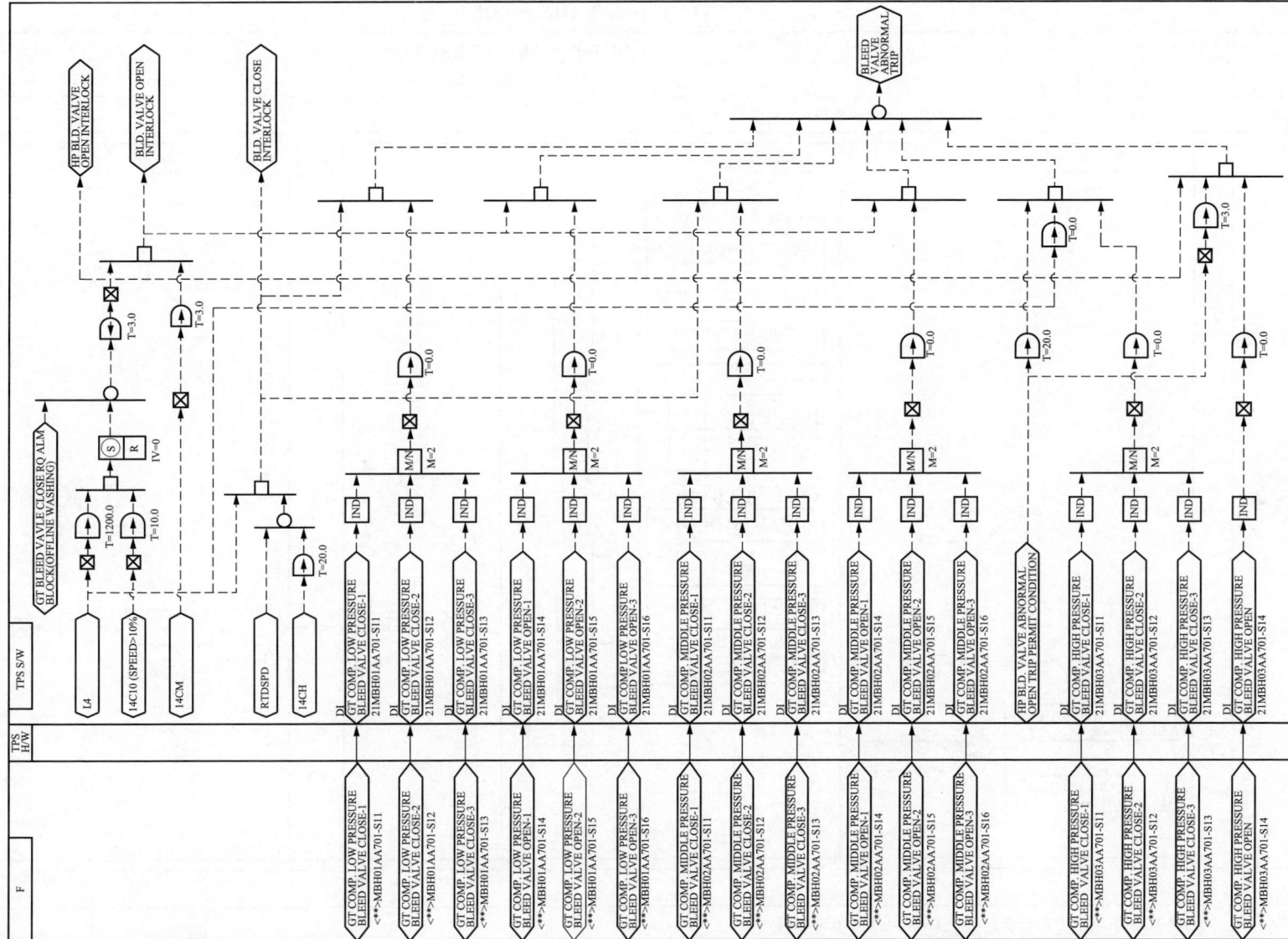

4.20 TCS 硬件故障（HN-86DDC）

表 4-20   **TCS 硬件故障（HN-86DDC）**

跳机名称	GTC HARDWARE FAILURE TRIP TCS 硬件故障跳机
逻辑说明	TCS1 CPU-A/CPU-B 全部故障或 TCS2 CPU-A/CPU-B 全部故障，跳机
原理图	
逻辑页	DIL-290
备注	两套 TCS 系统中任意一套的两个 CPU 全部故障时跳机

4.21　CPFM 跳机（N86-CPFM）

表 4-21	**CPFM 跳机（N86-CPFM）**
跳机名称	COMBUSTION PRESS FLUCTUATION HI TRIP 燃烧室压力波动大跳机
逻辑说明	燃烧室压力监测共 10 个频段，每频段包含 20 个压力波动传感器和 4 个加速度传感器： （1）当某频段单个传感器超过 PRE-ALARM 时，仅报警（CPFM ABNORMAL）。 （2）当某频段同时出现两个或以上传感器报 ALARM 且 GT LOAD 大于 165MW，快速甩负荷至小于 150MW，快速甩负荷至 GT LOAD 小于 165MW 后，仍有某频段两个或两个以上传感器超过 PRE-ALARM，则跳机。 （3）当某频段同时两个或两个以上传感器超过 LIMIT 时，直接跳机
原理图	
逻辑页	DIL-270
备注	燃烧室压力波动大跳机

4.22 TCS 系统故障（TCS1 86DDC）

表 4-22　　　　　　　　　　　　　　　　　　　　　　　　　TCS 系统故障（TCS1 86DDC）

跳机名称	GT CONTROLLER FAIL TRIP TCS 系统故障跳机
逻辑说明	即 TCS SYSTEM FAIL TRIP，包含如下信号： （1）20GT BP/EXT TEMP ALL SIG ABN(DDCER)，BPT、EXT 温度信号全部故障。 （2）20GT BYPASS SV FAIL，BYPASS 伺服卡均故障。 （3）20GT AO MODULE-G001AB BOTH FAIL，AO 模件 G001A/B 均故障。 （4）20GT COMB SHELL PRESS 2/3 ABN (DDCER)，2/3 或全部燃烧室壳体压力信号异常。 （5）20GT DO MODULE-G001AB BOTH FAIL，DO 模件 G001A/B 均故障。 （6）20GT DO MODULE-G002AB BOTH FAIL，DO 模件 G002A/B 均故障。 （7）20GT DO MODULE-G121AB BOTH FAIL，DO 模件 G121A/B 均故障。 （8）20GT FG MAIN A FCV CS DEVI，主 A 燃料流量控制阀控制偏差大。 （9）20GT FG MAIN A FCV SV FAIL，主 A 燃料流量控制阀伺服控制卡 A/B 均故障。 （10）20GT FG MAIN B FCV CS DEVI，主 B 燃料流量控制阀控制偏差大。 （11）20GT FG MAIN B FCV SV FAIL，主 B 燃料流量控制阀伺服控制卡 A/B 均故障。 （12）20GT FG PFCV CS DEVI，值班燃料流量控制阀控制偏差大。 （13）20GT FG PFCV SV FAIL，值班燃料流量控制阀伺服控制卡 A/B 均故障。 （14）20GT FG SPLY PCV A CS DEVI，燃料供应压力控制阀 A 控制偏差大。 （15）20GT FG SPLY PCV A SV FAIL，燃料供应压力控制阀 A 伺服控制卡 A/B 均故障。 （16）20GT FG SPLY PCV B CS DEVI，燃料供应压力控制阀 B 控制偏差大。 （17）20GT FG SPLY PCV B SV FAIL，燃料供应压力控制阀 B 伺服控制卡 A/B 均故障。 （18）20GT FG SUPPLY PRESS CV OUTLET PRESS BOTH-ABN (DDCER)，燃气供应压力控制阀后压力均异常。 （19）20GT FG TH FCV CS DEVI，顶环燃料流量控制阀控制偏差大。 （20）20GT FG TH FCV SV FAIL，顶环燃料流量控制阀伺服控制。卡 A/B 均故障 20GT GEN 。 （21）POWER OUTPUT BOTH-ABN (DDCER)，发电机功率输出信号 1、2、（3 和 4）三组中有两组或全部异常。 （22）20GT IGV CS DEVI，IGV 控制偏差大。 （23）20GT IGV SV FAIL，IGV 伺服控制卡 A/B 均故障。 （24）20GT IP TURBINE INLET STEAM PRESS 2/3 ABNORMAL(DDCER)，2/3 或全部中压缸入口蒸汽压力异常。 （25）20GT SPEED 2/3 ABN (DDCER)，2/3 或全部转速信号异常 （26）220GT SPEED ABN，转速异常。 （27）11SPEED SPREAD 2/3 HIGH (DDCER)，2/3 或全部转速信号偏差大。任一信号来，跳机

跳机名称	GT CONTROLLER FAIL TRIP　TCS 系统故障跳机

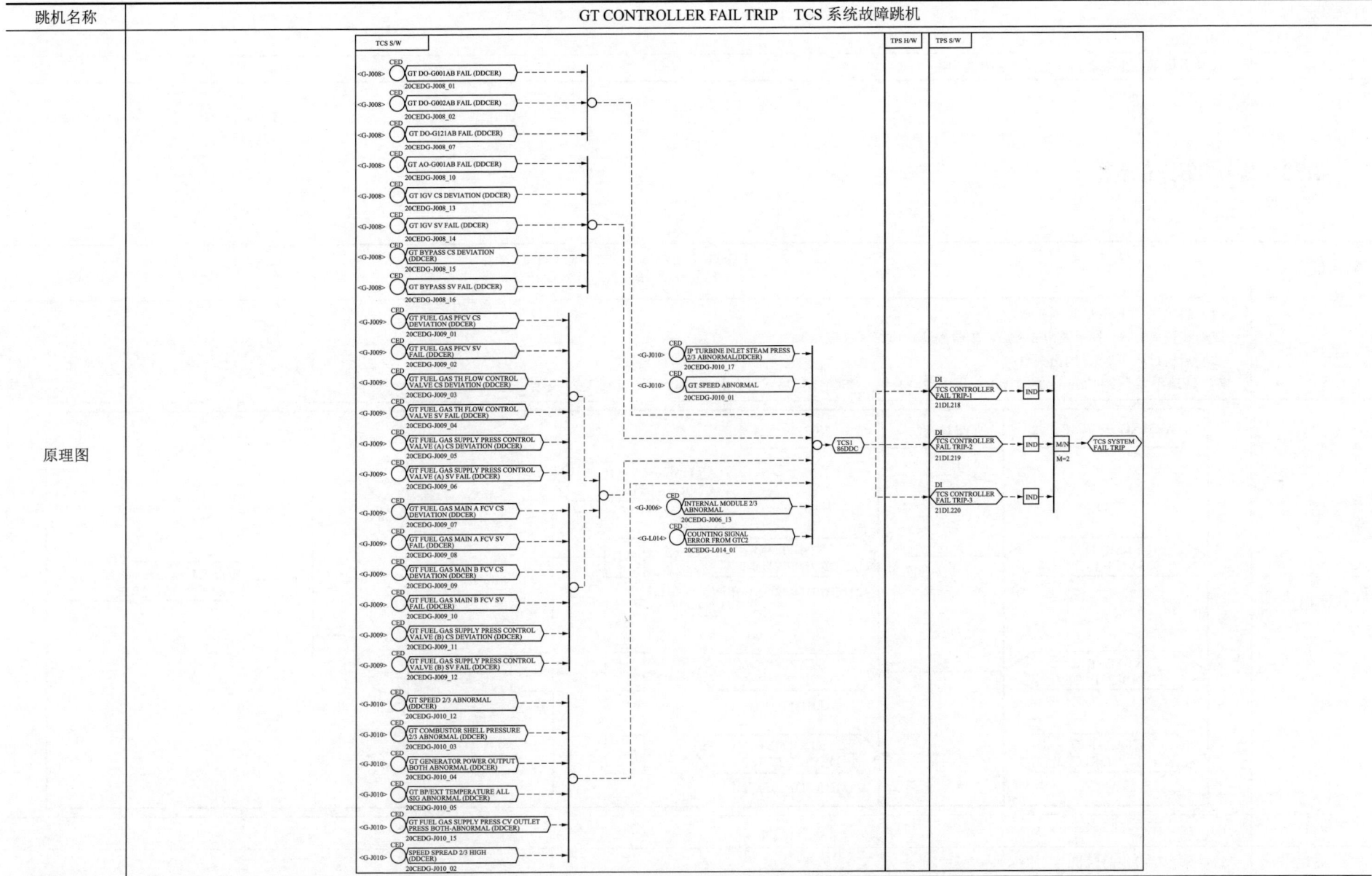

TCS S/W

<G-J008> CED GT DO-G001AB FAIL (DDCER)
20CEDG-J008_01

<G-J008> CED GT DO-G002AB FAIL (DDCER)
20CEDG-J008_02

<G-J008> CED GT DO-G121AB FAIL (DDCER)
20CEDG-J008_07

<G-J008> CED GT AO-G001AB FAIL (DDCER)
20CEDG-J008_10

<G-J008> CED GT IGV CS DEVIATION (DDCER)
20CEDG-J008_13

<G-J008> CED GT IGV SV FAIL (DDCER)
20CEDG-J008_14

<G-J008> CED GT BYPASS CS DEVIATION (DDCER)
20CEDG-J008_15

<G-J008> CED GT BYPASS SV FAIL (DDCER)
20CEDG-J008_16

<G-J009> CED GT FUEL GAS PFCV CS DEVIATION (DDCER)
20CEDG-J009_01

<G-J009> CED GT FUEL GAS PFCV SV FAIL (DDCER)
20CEDG-J009_02

<G-J009> CED GT FUEL GAS TH FLOW CONTROL VALVE CS DEVIATION (DDCER)
20CEDG-J009_03

<G-J009> CED GT FUEL GAS TH FLOW CONTROL VALVE SV FAIL (DDCER)
20CEDG-J009_04

<G-J009> CED GT FUEL GAS SUPPLY PRESS CONTROL VALVE (A) CS DEVIATION (DDCER)
20CEDG-J009_05

<G-J009> CED GT FUEL GAS SUPPLY PRESS CONTROL VALVE (A) SV FAIL (DDCER)
20CEDG-J009_06

<G-J009> CED GT FUEL GAS MAIN A FCV CS DEVIATION (DDCER)
20CEDG-J009_07

<G-J009> CED GT FUEL GAS MAIN A FCV SV FAIL (DDCER)
20CEDG-J009_08

<G-J009> CED GT FUEL GAS MAIN B FCV CS DEVIATION (DDCER)
20CEDG-J009_09

<G-J009> CED GT FUEL GAS MAIN B FCV SV FAIL (DDCER)
20CEDG-J009_10

<G-J009> CED GT FUEL GAS SUPPLY PRESS CONTROL VALVE (B) CS DEVIATION (DDCER)
20CEDG-J009_11

<G-J009> CED GT FUEL GAS SUPPLY PRESS CONTROL VALVE (B) SV FAIL (DDCER)
20CEDG-J009_12

<G-J010> CED GT SPEED 2/3 ABNORMAL (DDCER)
20CEDG-J010_12

<G-J010> CED GT COMBUSTOR SHELL PRESSURE 2/3 ABNORMAL (DDCER)
20CEDG-J010_03

<G-J010> CED GT GENERATOR POWER OUTPUT BOTH ABNORMAL (DDCER)
20CEDG-J010_04

<G-J010> CED GT BP/EXT TEMPERATURE ALL SIG ABNORMAL (DDCER)
20CEDG-J010_05

<G-J010> CED GT FUEL GAS SUPPLY PRESS CV OUTLET PRESS BOTH-ABNORMAL (DDCER)
20CEDG-J010_15

<G-J010> CED SPEED SPREAD 2/3 HIGH (DDCER)
20CEDG-J010_02

<G-J010> CED IP TURBINE INLET STEAM PRESS 2/3 ABNORMAL(DDCER)
20CEDG-J010_17

<G-J010> CED GT SPEED ABNORMAL
20CEDG-J010_01

<G-J006> CED INTERNAL MODULE 2/3 ABNORMAL
20CEDG-J006_13

<G-L014> CED COUNTING SIGNAL ERROR FROM GTC2
20CEDG-L014_01

TCS1 86DDC

TPS H/W　TPS S/W

DI TCS CONTROLLER FAIL TRIP-1 21DL218 IND

DI TCS CONTROLLER FAIL TRIP-2 21DL219 IND

DI TCS CONTROLLER FAIL TRIP-3 21DL220 IND

M/N M=2 TCS SYSTEM FAIL TRIP

原理图

跳机名称	GT CONTROLLER FAIL TRIP　TCS 系统故障跳机
逻辑页	DIL-310
备注	TCS 系统部分重要测点相关卡件故障时跳机

4.23 启动装置异常

表 4-23 　　　　　　　　　　　　　　　　　　　启 动 装 置 异 常

跳机名称	STARTING DEVICE ABNORMAL TRIP 启动装置异常跳机
逻辑说明	（1）启机过程中 SFC 投入失败： 启动装置（SFC）指令发出 30s 后，未收到运行反馈（三取二）。 （2）启机过程中 SFC 退出失败： T 在转速不大于 2940r/min 的情况下，退出启动装置（SFC)120s 后或点火未成功 10s 后仍收到运行反馈信号，跳机
原理图	
逻辑页	DIL-280
备注	SFC 未正确投退时跳机

4.24 输入信号故障

表 4-24 　　　　　　　　　　　　　　　　　　　　　　输 入 信 号 故 障

跳机名称	INPUT SIGNAL FAIL TRIP 输入信号故障跳机
逻辑说明	（1）COMBUSTOR SHELL PRESS SIGNAL FAIL TRIP (TPS)，燃烧室壳体压力信号故障跳机。 （2）ALL BPT AND EXT SIGNAL FAIL TRIP (TPS)，所有 BPT 和 EXT 信号故障跳机。 （3）LUBE OIL TEMP SIGNAL FAIL TRIP (TPS)，润滑油温度信号故障跳机。 （4）FUEL GAS SUPPLY PRESS SIGNAL FAIL TRIP (TPS)，燃气供应压力信号故障跳机。 （5）GENERATOR POWER OUTPUT SIGNAL FAIL TRIP (TPS)，发电机功率输出信号故障跳机。 （6）IP TURBINE INLET STEAM PRESS SIGNAL FAIL TRIP (TPS)，中压缸入口蒸汽压力信号故障跳机。 （7）LP TURBINE EXH. TEMP (GEN SIDE) SIGNAL FAIL TRIP (TPS)，低压缸入口排气温度（发电机侧）高跳机。 （8）GT COMPRESSOR INLET AIR TEMP LOW TRIP(TPS)，压气机入口空气温度低跳机。 上述任一跳机信号来，输入信号故障跳机，详见对应保护说明
原理图	COMBUSTOR SHELL PRESS SIGNAL FAIL TRIP ALL BPT AND EXT SIGNAL FAIL TRIP LUBE OIL TEMP SIGNAL FAIL TRIP FUEL GAS SUPPLY PRESS SIGNAL FAIL TRIP GENERATOR POWER OUTPUT SIGNAL FAIL TRIP IP TURBINE INLET STEAM PRESS SIGNAL FAIL TRIP LP TURBINE EXHAUST TEMP (GEN SIDE) SIGNAL FAIL TRIP GT COMPRESSOR INLET AIR TEMP SIGNAL FAIL TRIP → INPUT SIGNAL FAIL TRIP
逻辑页	DIL-400
备注	部分重要测点信号全部异常时触发保护跳机

4.25 发电机保护

表 4-25 　　　　　　　　　　　　　　　　　　　发 电 机 保 护

跳机名称	GENERATOR PROTECTION TRIP 发电机保护跳机
逻辑说明	发电机保护柜 A 到 TPS（三取二）或发电机保护柜 B 到 TPS（三取二）任一保护动作，跳机（以 TPS 为例）
原理图	
逻辑页	DIL-320
备注	电气保护柜 A/B 到 TPS，A/B 中任意一个触发保护时跳机

4.26　火灾保护

表 4-26　　　　　　　　　　　　　　　　　　　　　　　　火　灾　保　护

跳机名称	FIRE TRIP 火灾保护跳机
逻辑说明	（1）FG 单元火灾跳机： FG 单元内三路火灾探测器 307/308/309，三取二跳机。 （2）轮机间单元火灾跳机： 轮机间单元内三路火灾探测器 301/302/303，三取二跳机
原理图	
逻辑页	DIL-330
备注	该保护有继电器跳闸和软逻辑跳闸两套回路，可以确保在 TCS 系统故障的情况下跳闸成功。信号源自美力马就地控制柜，CO_2 气体释放由美力马系统自行控制。301、302、307、308 为定值 160℃的温感探头组成，303 和 309 为紫外的火焰监测探头组成

4.27 HN-86GT1（CPU1）

表 4-27   HN-86GT1（CPU1）

跳机名称	86GT1（CPU1）
逻辑说明	（1）燃机加速率低跳机（86ACCRATE）： 点火成功后 10s 至额定转速 3000 r/min 期间，加速率低于 135r/min/min，延时 30s。 （2）燃机转速下降跳机（86SPD）： 点火成功至额定转速期间，出现转速下降。 （3）燃机加速超时跳机（86ACCTO）： 点火成功后 1500s 后仍未达到额定转速。 （4）值班燃料流量控制阀异常跳机（86FGPFCV）： 值班燃料点火 0.5s 后的 20s 内，值班燃料流量控制阀开度大于 98%。 （5）主 A 燃料流量控制阀异常跳机（86FGMAFCV）： 主 A 燃料点火 0.5s 后的 20s 内，主 A 燃料流量控制阀开度大于 98%。 （6）燃料压力控制阀出口压力高跳机（86FGPCV）： 燃料点火 0.5s 后的 60s 内，燃料压力控制阀后压力大于设定值 1.2 倍。 设定值参见函数：G-D038A_FX08。 （7）顶环燃料流量控制阀异常跳机（86FGTHFCV）： 顶环燃料投入 0.5s 后的 20s 内，顶环燃料流量控制阀开度大于 98%。 （8）主 B 燃料流量控制阀异常跳机（86FGMBFCV）： 主 B 燃料点火 0.5s 后的 20s 内，主 B 燃料流量控制阀开度大于 98%
原理图	

续表

跳机名称	86GT1（CPU1）
逻辑页	DIL-310
备注	用于保护点火期间燃气流量控制阀异常全开和点火加速期间加速异常的情况

4.28　HN-86GT1（CPU2）

表 4-28　　　　　　　　　　　　　　　　　　　　**HN-86GT1（CPU2）**

跳机名称	86GT1（CPU2）
逻辑说明	（1）TCS1 通信信号错误： CPU 在线，TCS1 与 TCS2 通信不同步。 （2）AO 模件 AOMB01A/B 均故障： A 卡包含：控制油冷却器温度控制阀 A 和 B 的控制指令 1。 B 卡包含上述阀门的控制指令 2。 （3）AO 模件 AOMB02A/B 均故障： A 卡包含：控制油冷却器温度控制阀 A 和 B 的控制指令 1。 B 卡包含上述阀门的控制指令 2。 （4）AO 模件 AOMD01A/B 均故障： A 卡包含：TCA 冷却水流量控制阀（HRSG 侧）、TCA 冷却水流量控制阀（COND 侧）、FGH 冷却水流量控制阀（HRSG 侧）、FGH 冷却水流量控制阀（COND 侧）的控制指令 1。 B 卡包含上述阀门的控制指令 2。 （5）AO 模件 DOMQ01A/B 均故障： A 卡包含：TCA 冷却水流量控制阀（HRSG 侧）、TCA 冷却水流量控制阀（COND 侧）、FGH 冷却水流量控制阀（HRSG 侧）、FGH 冷却水流量控制阀（COND 侧）的控制指令 1。 B 卡包含上述阀门的控制指令 2。 （6）模件 DOMSV01A/B 均故障： A 卡包含：点火器、壳体冷却空气关断阀、壳体冷却空气供应阀、TCA 入口关断阀 A 和 B 的控制指令 1。 B 卡包含上述阀门的控制指令 2。 （7）模件 DOMSV02A/B 均故障： A 卡包含：TCA 疏水阀 A 和 B、FGH 入口关断阀 A 和 B、燃料事故关断阀、燃料事故放散阀、在线水洗供水阀、盘车供油电磁阀的控制指令 1。 B 卡包含上述阀门的控制指令 2。

跳机名称	86GT1（CPU2）
逻辑说明	（8）模件 DOMSV03A/B 均故障： A 卡包含：盘车啮合电磁阀、盘车脱扣电磁阀、IPSV 平衡阀、IPSV 试验电磁阀、LPSV 试验电磁阀、HPCV OPC 电磁阀、IPCV OPC 电磁阀、LPCV OPC 电磁阀的控制指令 1。 B 卡包含上述阀门的控制指令 2。 （9）模块 DOMSW04A/B 均故障： 两块卡件均故障，跳机。 （10）HPSV 控制偏差大： 阀门的控制指令与阀位反馈偏差大于 ±20%，延时 10s 跳机。 指令与反馈偏差大于 ±10% 时，延时 5s 发 "20GT HPSV SERVO MODULE DEVI PRE-ALARM" 预报警。 （11）HPSV 伺服控制卡 A/B 均故障： 两块卡件均故障，跳机。 （12）HPCV 控制偏差大： 阀门的控制指令与阀位反馈偏差大于 ±20%，延时 10s 跳机。 指令与反馈偏差大于 ±10% 时，延时 5s 发 "20GT HPCV SERVO MODULE DEVI PRE-ALARM" 预报警。 （13）HPCV 伺服控制卡 A/B 均故障： 两块卡件均故障，跳机。 （14）IPCV 控制偏差大： 阀门的控制指令与阀位反馈偏差大于 ±20%，延时 10s 跳机。 指令与反馈偏差大于 ±10% 时，延时 5s 发 "20GT IPCV SERVO MODULE DEVI PRE-ALARM" 预报警。 （15）IPCV 伺服控制卡 A/B 均故障： 两块卡件均故障，跳机。 （16）LPCV 控制偏差大： 阀门的控制指令与阀位反馈偏差大于 ±20%，延时 10s 跳机。 指令与反馈偏差大于 ±10% 时，延时 5s 发 "*0GT LPCV SERVO MODULE DEVI PRE-ALARM" 预报警。 （17）LPCV 控制偏差大： 阀门的控制指令与阀位反馈偏差大于 ±20%，延时 10s 跳机。 指令与反馈偏差大于 ±10% 时，延时 5s 发 "20GT LPCV SERVO MODULE DEVI PRE-ALARM" 预报警。 （18）LPCV 伺服控制卡 A/B 均故障： 两块卡件均故障，跳机。 （19）ABNORMAL 控制系统输入卡件 2/3 故障： 输入 4 块卡件中的 3 套保护其中两套故障，跳机

跳机名称	86GT1（CPU2）
原理图	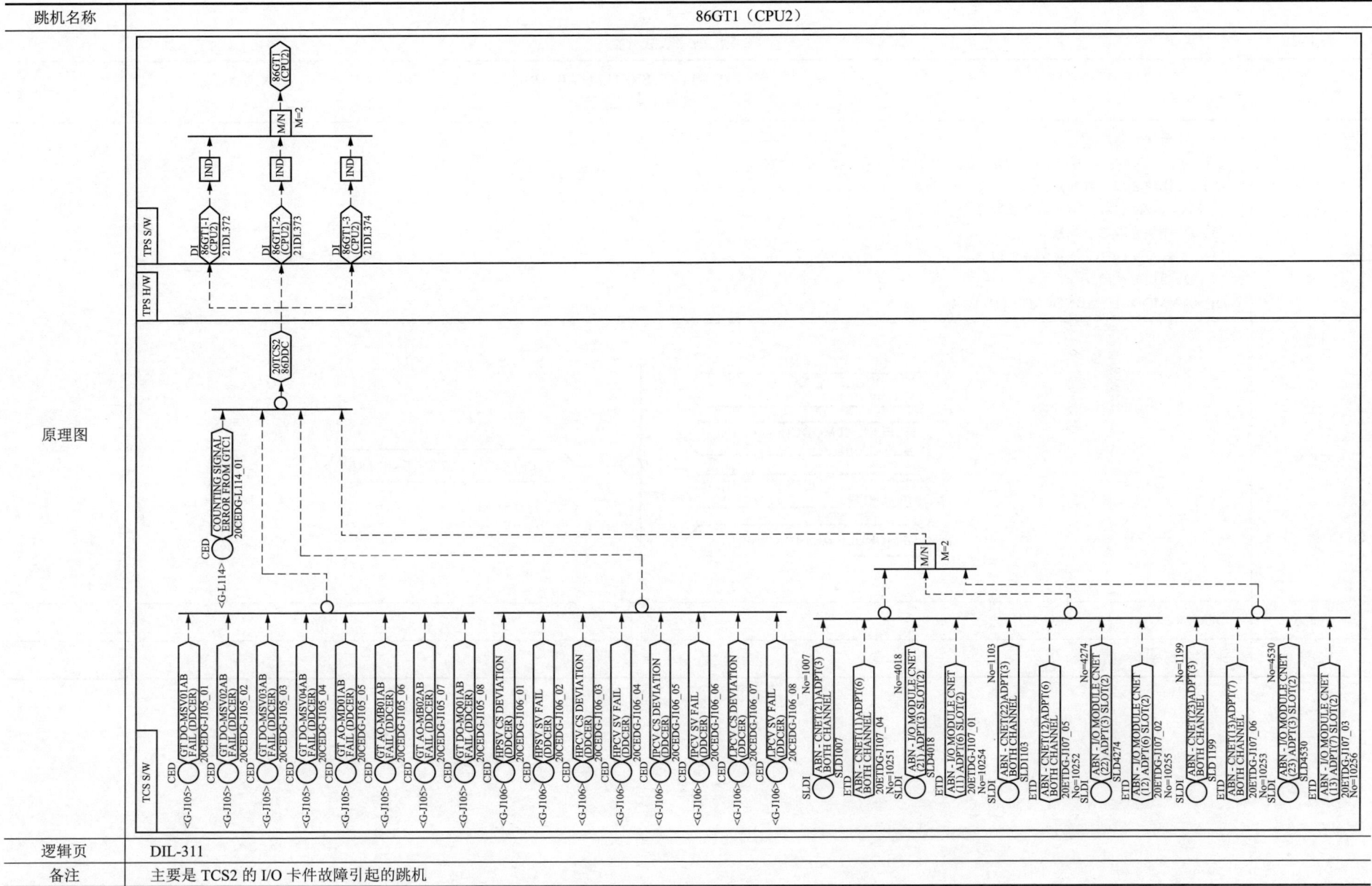
逻辑页	DIL-311
备注	主要是 TCS2 的 I/O 卡件故障引起的跳机

4.29 联锁系统故障

表 4-29   联 锁 系 统 故 障

跳机名称	INTERLOCK SYSTEM FAIL TRIP 联锁系统故障跳机
逻辑说明	（1）AI 模块异常跳闸： （1NA4-2、1NA4-3、2NA4-1、2NA4-2、3NA4-1、3NA4-2）同时故障。 （2）AI 模块 3 取 2 异常跳闸： （1NA4-4、2NA4-3、3NA4-3）3 取 2。 （3）DI 模块 3 取 2 异常跳闸： （1NA3-4、2NA3-3、3NA3-3）3 取 2。 （4）DI 模块异常跳闸： DI1-04A MODULE ABNORMAL(3NA3-4)
原理图	
逻辑页	DDCER2
备注	联锁系统故障跳闸

4.30　主油泵全停

表 4-30	**主 油 泵 全 停**
跳机名称	GT MAIN LUBE OIL PUMP ABNORMAL ALL STOP TRIP 主润滑油泵异常全停跳机
逻辑说明	两台交流主润滑油泵故障全停，触发跳机，联锁启动直流润滑油泵，确保安全停机
原理图	
逻辑页	DIL-150
备注	两台润滑油泵全停跳机

图中内容：

TCS H/W　　　　TPS S/W

N-GT MAIN LUBE OIL PUMP ABNORMAL ALL STOP-1 → DI N-GT MAIN LUBE OIL PUMP ABNORMAL ALL STOP TRIP-1　21H-86MOP1 → IND → ☒

N-GT MAIN LUBE OIL PUMP ABNORMAL ALL STOP-2 → DI N-GT MAIN LUBE OIL PUMP ABNORMAL ALL STOP TRIP-2　21H-86MOP2 → IND → ☒

N-GT MAIN LUBE OIL PUMP ABNORMAL ALL STOP-3 → DI N-GT MAIN LUBE OIL PUMP ABNORMAL ALL STOP TRIP-3　21H-86MOP3 → IND → ☒

→ M/N (M=2) → GT MAIN LUBE OIL PUMP ABNORMAL ALL STOP TRIP

4.31 轮机间燃气泄漏大

表 4-31   轮 机 间 燃 气 泄 漏 大

跳机名称	GT PACKAGE GAS LEAKAGE DETECTION TRIP 燃机罩壳燃气泄漏跳机
逻辑说明	燃机罩壳燃气探测器信号，三取二跳机。 定值：25%LEL
原理图	
逻辑页	DIL-260
备注	燃气泄漏跳机

4.32　HN-86GT（CPU2）

表 4-32　　　　　　　　　　　　　　　　　HN-86GT（CPU2）

跳机名称	86GT（CPU2）
逻辑说明	TCA 入口给水流量测点经水温修正后，在未带负荷时小于定值 1，三取二，延时 10s 跳机。或在带负荷时小于定值 2，三取二，延时 10s 跳机。 定值 1：TCA 给水温度的函数再经压气机入口温度修正。 定值 2：燃机负荷的函数再经压气机入口温度和 TCA 给水温度修正
原理图	
逻辑页	DIL-311
备注	主要是给水流量低引起的跳机，逻辑名为 86TCAFLW

逻辑图中主要标签：

- TCS S/W
- TCA COOLER INLET FEED WATER FLOW-1 (CORRECTION)
- TCA COOLER INLET FEED WATER FLOW-2 (CORRECTION)
- TCA COOLER INLET FEED WATER FLOW-3 (CORRECTION)
- COR.FACTOR OF TCA INLET FEED WATER TEMP(GAS)
- GT GEN OUTPUT
- COR. FACTOR OF COMP. INLET AIR TEMP.
- TCA COOLER INLET FEED WATER TEMP
- TCA COOLER INLET FEED WATER FLOW LOW TRIP(NO LOAD)-1
- TCA COOLER INLET FEED WATER FLOW LOW TRIP(NO LOAD)-2
- TCA COOLER INLET FEED WATER FLOW LOW TRIP(NO LOAD)-3
- TCA COOLER INLET FEED WATER FLOW LOW(TRIP)-1
- TCA COOLER INLET FEED WATER FLOW LOW(TRIP)-2
- TCA COOLER INLET FEED WATER FLOW LOW(TRIP)-3
- GT FLON (TCA)
- TCA COOLER FEED WATER COND. RETURN FCV SV CHANGE
- MD3 (TCA)
- L=input DB=0.0
- M/N M=2
- T=10.0
- T=300.0
- 86TCAFLW
- TPS H/W
- TPS S/W
- DI GT N-86GT-1 (CPU2) 21DI.375
- DI GT N-86GT-2 (CPU2) 21DI.376
- DI GT N-86GT-3 (CPU2) 21DI.377
- M/N M=2
- 86GT (CPU2)
- FX, ×

4.33 进气滤网差压大

表 4-33   进 气 滤 网 差 压 大

跳机名称	GT INLET FILTER INSIDE PRESSURE LOW LOW TRIP 进气滤网内部压力低低跳机
逻辑说明	进气滤网内部压力开关，三取二动作，延时 3s 跳机。 定值：-2.25kPa
原理图	
逻辑页	DIL-260
备注	主要是进气滤网差压大引起的跳机

4.34 火焰信号丢失 FLAME LOSS

表 4-34	火 焰 信 号 丢 失
跳机名称	FLAME LOSS TRIP 火焰信号丢失跳机
逻辑说明	（1）18 号火检丢失跳机： 机组点火至并网期间，18 号 A 和 18 号 B 火焰探测器均检测不到火焰跳机。 （2）19 号火检丢失跳机： 机组点火至并网期间，19 号 A 和 19 号 B 火焰探测器均检测不到火焰跳机。 （3）功率不平衡跳机： 机组并网 5s 后，根据中压缸进汽压力计算得到的汽机负荷占总负荷的百分值与实测负荷占满负荷的百分值之差大于 13%，延时 0.2s 跳机
原理图	

跳机名称	FLAME LOSS TRIP 火焰信号丢失跳机
逻辑页	DIL-240
备注	主要是火焰信号丢失引起的跳机

4.35 TCA 疏水液位高跳机

表 4-35　　　　　　　　　　　　　　　　　　TCA 疏水液位高跳机

跳机名称	GT TCA DRAIN LEVEL HIGH TRIP TCA 疏水液位高跳机
逻辑说明	TCA 疏水液位开关，三取二，延时 1s 跳机； 定值：725mm
原理图	
逻辑页	DIL-340
备注	主要是 TCA 疏水液位高引起的跳机

4.36　FGH 疏水液位高跳机

表 4-36	FGH 疏水液位高跳机
跳机名称	GT FGH DRAIN LEVEL HIGH TRIP FGH 疏水液位高跳机
逻辑说明	（1）FGH(A) 疏水液位高： FGH(A) 疏水液位高开关三取二，延时 1s 且气来（GAS ON）则跳机； 定值：476mm。 该保护由 GT FGH DRAIN LEVEL HIGH TRIP (TPS) 出口，联锁关闭燃气事故关断阀、开启燃气事故放散阀。 （2）FGH(B) 疏水液位高： FGH(B) 疏水液位高开关三取二，延时 1s 且气来（GAS ON) 则跳机。燃气事故关断阀、开启燃气事故放散阀；定值：476mm。 该保护由 GT FGH DRAIN LEVEL HIGH TRIP (TPS) 出口，联锁关闭燃气事故关断阀、开启燃气事故放散阀
原理图	
逻辑页	DIL-340
备注	主要是 FGH 疏水液位高跳机引起的跳机

4.37 外部条件跳燃机

表 4-37   外 部 条 件 跳 燃 机

跳机名称	EXTERNAL TURBINE TRIP 外部条件跳燃机
逻辑说明	（1）高压汽包水位高高高跳： 高压汽包水位测点高于 203mm，三取二，延时 10s 跳机。 （2）中压汽包水位高高高跳： 中压汽包水位测点高于 203mm，三取二，延时 60s 跳机。 （3）低压汽包水位高高高跳： 低压汽包水位测点高于 203mm，三取二，延时 30s 跳机。 （4）高压汽包水位低低低跳： 高压汽包水位测点低于 -570mm，三取二，延时 10s 跳机。 （5）中压汽包水位低低低跳： 中压汽包水位测点低于 -420mm，三取二，延时 90s 跳机。 （6）低压汽包水位低低低跳： 低压汽包水位测点低于 -1359mm，三取二，延时 10s 跳机。 （7）高压主蒸汽温度高高高跳： 高压主蒸汽温度测点高于 546℃，三取二，延时 600s 跳机。 （8）再热主蒸汽温度高高高跳： 再热主蒸汽温度测点高于 574℃，三取二，延时 180s 跳机
原理图	

续表

跳机名称	EXTERNAL TURBINE TRIP 外部条件跳燃机
逻辑页	DIL-312
备注	主要是 DCS 侧汽包水位及蒸汽温度信号引起的跳机

4.38　燃气供气压力低

表 4-38　　　　　　　　　　　　　　　　　**燃 气 供 气 压 力 低**

跳机名称	FUEL GAS SUPPLY PRESS LOW TRIP 燃气供气压力低跳机
逻辑说明	燃气供应压力测点小于 2.1MPa，三取二，延时 1s 且气来（GAS ON）则跳机
原理图	
逻辑页	DIL-210
备注	主要是燃气压力低引起的跳机

4.39　润滑油箱液位低

表 4-39	润 滑 油 箱 液 位 低
跳机名称	LUBE OIL RESERVOIR LEVEL LOW LOW TRIP 润滑油箱油位低跳机
逻辑说明	润滑油箱油位开关，三取二； 定值：OFF ≤ 880mm（从油箱底部算起）
原理图	
逻辑页	DIL-180
备注	主要是油箱油位低引起跳机

参考文献

[1] 林伟 . GTCC（燃气－蒸汽联合循环发电机组）电站与电网的关系研究报告 [R]. 北京：中国华电集团公司，2008.

[2] 肖小清 . M701F 燃气轮机主控系统特点及其一次调频特性 [J]. 电力自动化，2008 (44): 72-75.

[3] 张应田，刘卫平，王伟臣，等 . 燃气－蒸汽联合循环发电机组一次调频控制系统 [J]. 控制系统，2012 (9): 34-37.

[4] 席亚宾，邓小明，马永光，等 . M701F 燃气轮机温度控制回路分析 [J]. 仪器仪表用户，2009 (16): 106-108.

[5] 曾斯 . 浅谈三菱 M701F 燃机压气机进气温度对 IGV 开度的影响 [J]. 电气工程与自动化，2011. (24): 54.

[6] 赵庆敏 . M701F4 型燃气轮机的 CLCSO 控制 [J]. 技术研发，2014 (21): 196-197.

[7] 王东升 . CLCSO 在燃气轮机控制策略中的应用分析 [J]. 中国设备工程，2022(2): 151-153.

[8] 东方汽轮机有限公司 . M701F4 燃气－蒸汽联合循环机组运行维护手册第一分册 . [Z]. 德阳：东方汽轮机有限公司，2013.

[9] 方继辉，王荣 . M701F4 燃机 TCA 流量异常跳机事故分析 [J]. 能源与节能，2016 (1): 130-131.

[10] 张瑾哲，马永光，高志存 . 300MW 机组 RUNBACK 试验分析 [J]. 电站系统工程，2012 (28): 25-28.